物理实验数据分析基础与案例研究

陈　湘◎著

吉林大学出版社
·长春·

图书在版编目（CIP）数据

物理实验数据分析基础与案例研究 / 陈湘著 . 长春 : 吉林大学出版社 , 2024. 10. -- ISBN 978-7-5768-4014-8

Ⅰ . O4-33

中国国家版本馆 CIP 数据核字第 2024SU2595 号

书　　名	物理实验数据分析基础与案例研究 WULI SHIYAN SHUJU FENXI JICHU YU ANLI YANJIU
作　　者	陈　湘　著
策划编辑	殷丽爽
责任编辑	张宏亮
责任校对	安　萌
装帧设计	沈　莹
出版发行	吉林大学出版社
社　　址	长春市人民大街 4059 号
邮政编码	130021
发行电话	0431-89580036/58
网　　址	http:/ / www. jlup. com. cn
电子邮箱	jldxcbs@ sina. com
印　　刷	天津和萱印刷有限公司
开　　本	787mm × 1092mm　1/16
印　　张	7.75
字　　数	140 千字
版　　次	2025 年 6 月　第 1 版
印　　次	2025 年 6 月　第 1 次
书　　号	ISBN 978-7-5768-4014-8
定　　价	72.00 元

作者简介

陈湘，男，1977年8月生，四川内江人，中共党员，四川大学金属材料学专业毕业，研究生学历，博士，教授，四川大学凝聚态物理专业博士后，美国Ames国家实验室、四川大学原子与分子物理研究所访问学者，四川省物理与天文学教学指导委员会委员，四川省物理学会常务理事，内江市智能电子教仪研发工程实验中心主任，内江市物理学科带头人。在教学上，主讲过《力学》《数学物理方法》《理论力学》《固体物理》《普通物理实验》《近代物理实验》等物理学专业核心课程。在科研上，主要围绕稀土 - 过渡族三元合金相图与相结构，以及在不同温区的磁性材料制备、性能及其物理机制等，开展了大量研究工作，取得了一些具有国际影响力的成果。目前，以第一作者发表被SCI收录论文近40篇，主持中国博士后基金项目1项，四川省科技厅项目2项，四川省教育厅项目2项，四川省教育科学研究院项目1项，相关联成果分别获得2018、2020年内江市第四、五届自然科学优秀论文一等奖。

前 言

物理学是一门以实验为研究基础的科学。实验离不开测量，而测量又会带来一定的误差，我们在实验中常常需要进行误差分析。误差分析的目的是根据误差的规律，合理地设计和组织实验，正确地选用测量工具和测量方法；同时要根据误差理论来确切地评价测量结果中所包含的误差大小，以便更好地选用测量数据，对物理理论进行验证和分析，误差分析在其他领域也有着广泛的应用。目前，无论是“大学物理实验”“近代物理实验”等独立的必修基础课，还是各类物理实验竞赛、仪器设计等，误差理论分析都是其重要内容，贯穿于整个实验过程。

作者在20余年的物理实验理论和实践教学中，发现较多学生的多学科交叉意识不强，如物理＋数学＋计算机的知识和思维融合不够，解决生产生活中实际问题的能力不强，专业知识重构创新能力不足等问题。基于上述原因，作者依托内江师范学院“十四五”校本规划教材建设专项项目，在多年的自编讲义的基础上编写了本书，期望能充分体现集物理概念与思维、数学原理、计算机程序设计、大数据管理等多元思想，并作为物理学专业本科生开展专业实验之前，学习实验误差分析和数据处理的教材，也可作为从事实验研究和其他相关人员的参考资料。

全书主要包含物理实验误差分析原理、数据处理方法两大部分，共计8章。在内容上更加强调原理与方法的数学逻辑推导和案例分析，以便读者能够更加充分理解其内涵，提升其复杂实验误差分析和数据处理的能力。同时，考虑到本科生计算机水平和能力，采用Excel对所涉及的物理实验数据进行了程序编写和案例分析，为其他软件应用于实验误差分析和数据处理起到抛砖引玉的作用。教材对培养“懂原理、会应用、可发展”的物理学专业人才有很好的支撑作用，同时也对提升学生的计算机程序设计、大数据管理、学科融合的思维和能力有较好的效果。

在编写本书的过程中，作者参考了大量的学术文献，得到了许多专家学者的帮助，在此表示真诚感谢。本书内容系统全面、论述条理清晰、深入浅出，但由于作者水平有限，书中难免有疏漏之处，希望广大同行及时指正。

编者

2024 年 7 月

目　录

第 1 章　测量与误差的基本概念

测量是物理实验的基础，通过实验测量所得的大批数据是实验的主要成果，但在实验中，由于测量仪表和人的观察等方面的原因，实验数据总存在一些误差，所以在整理这些数据时，首先要对实验数据的可靠性进行客观的评定。

误差分析的目的就是评定实验数据的精确性，通过误差分析，认清误差的来源及其影响，并设法消除或减小误差，提高实验的精确性。

1.1　测量

1.1.1　测量的概念

测量是以确定被测对象量值为目的的一组操作，即用实验的方法，将物理量与作为单位量的某量值相比较，得到其比值的过程。

测量结果由比值和测量单位两部分组成。例如：测量结果 L=25.26 cm，其中 L 是物理量名称、cm 是测量单位、25.26 是比值（单位的数目）。

1.1.2　测量的分类

1. 按照测量获得的方式、途径分类

直接测量：可以用测量仪器或仪表直接读出测量值的测量，例如：米尺测长度、秒表测时间、温度计测温度等。

间接测量：通过测量与被测量有关系的其他物理量，这些量可直接测得，依据它们之间的函数关系，求得被测量。如圆柱体的体积$V=\dfrac{\pi hd^2}{4}$和密度$\rho=\dfrac{M}{V}=\dfrac{4M}{\pi d^2 h}$

是通过直接测量h、d、M来间接测量的。

2. 依据测量的条件分类

等精度测量：就是在一定的条件下，由同一测量者，操作同一测量工具，采用同一方法，测量同一对象，这样的测量称为等精度测量。即测量的一切条件都是不变的，变化的因素很小时也可认为是等精度测量。

非等精度测量：与之相反，测量条件不同的测量则称为非等精度测量。

3. 依据测量的可重复性分类

单次测量：一次性测量作为结果的测量。

重复测量：多次测量后，然后综合进行评价，以此作为测量结果。

4. 根据测量物理量是否随时间变化分类

静态测量：指在测量过程中被测量是固定不变的。因此，不需要考虑时间因素对测量的影响。在日常测量中，大多接触的是静态测量。对于这种测量，被测量和测量误差可以当作一种随机变量来处理。

动态测量：指被测量在测量期间随时间（或其他影响量）发生变化，如弹道轨迹的测量、环境噪声的测量等。对这类被测量的测量，需要当作一种随机过程的问题来处理。

5. 根据测量结果的权重分类

等权测量：指在测量过程中，测量仪器、测量方法、测量条件和操作人员都保持不变。因此，对同一被测量进行的多次测量结果可认为具有相同的信赖程度，应按同等原则对待。

非等权测量：指测量过程中测量仪器、测量方法、测量条件或操作人员某一因素或某几个因素发生变化，使得测量结果的信赖程度不同。对非等权测量的数据应按不等权原则进行处理。

6. 按照测量的信号分类

电测量：指电子学中有关量的测量。包括表征电磁能的量（电流、电压、功率、电场强度、噪声等），信号特征的量（如频率、相位、波形参数等），元件和电路参数的量（如电阻、电容、电感、介电常数等），网络特性的量（如带宽、增益、带内波动、带外衰减等）。

非电测量：主要包括温度、湿度、压力、气体浓度、机械力、材料光折射率等非电学参数的测量。

7. 按照测量精度要求分类

工程测量：指对测量误差要求不高的测量。用于这种测量的设备和仪器的灵敏度和准确度比较低，对测量环境没有严格要求。因此，对测量结果只须给出测量值。

精密测量：指对测量误差要求比较高的测量。

1.2　误差

1.2.1　真值与平均值

测量的目的是获得待测物理量的真值，这是一个客观存在的确定值。通常一个物理量的真值是不知道的，是我们努力测到的。严格来讲，由于测量仪器、测定方法、环境、人的观察力、测量程序等，都不可能是完美无缺的，故真值是无法测得的，其是一个理想值。

从科学实验的角度来看，在测量过程中，观察真值的次数是无限多的，根据误差分布定律正负误差出现的概率相等，将各次观察值相加，加以平均，在无系统误差情况下，可能获得极近于真值的数值。故“真值”在现实中是指观察次数无限多时，所求得的平均值（或是写入文献手册中所谓的“公认值”）。然而对我们工程实验而言，观察的次数都是有限的，故用有限观察次数求出的平均值，只能是近似真值，或称为最佳值。一般我们称这一最佳值为平均值。常用的平均值有以下几种。

1. 算术平均值

这种平均值最常用。凡测量值的分布服从正态分布时，用最小二乘法原理可以证明：在一组等精度的测量中，算术平均值为最佳值或最可信赖值。

$$\bar{x}=\frac{x_1+x_2+\cdots+x_n}{n}=\frac{\sum_{i=1}^{n}x_i}{n} \tag{1-1}$$

式中：x_1，x_2，…，x_n 为各次观测值；n 为观察的次数。

2. 均方根平均值

$$\bar{x}_{均}=\sqrt{\frac{x_1^2+x_2^2+\cdots x_n^2}{n}}=\sqrt{\frac{\sum_{i=1}^{n}x_i^2}{n}} \tag{1-2}$$

3. 加权平均值

设对同一物理量用不同方法、仪器、条件去测定，或对同一物理量由不同人去测定，计算平均值时，常对比较可靠的数值予以加重平均，称为加权平均。

$$\bar{x}=\frac{w_1x_1+w_2x_2+\cdots+w_nx_n}{w_1+w_2+\cdots+w_n}=\frac{\sum_{i=1}^{n}w_ix_i}{\sum_{i=1}^{n}w_i} \tag{1-3}$$

式中：x_1，x_2，…，x_n——各次观测值；

w_1，w_2，…，w_n——各测量值的对应权重，各观测值的权数一般凭经验或者半经验公式确定。

4. 几何平均值

几何平均值是对各变量值的连乘积开项数次方根。求几何平均数的方法叫作几何平均法。如果总水平、总成果等于所有阶段、所有环节水平、成果的连乘积总和时，求各阶段、各环节的一般水平、一般成果，要使用几何平均法计算几何平均数，而不能使用算术平均法计算算术平均数。具体计算如下：

$$\bar{x}=\sqrt[n]{x_1\cdot x_2\cdot x_3\cdots x_n} \tag{1-4}$$

如图 1–1 所示，几何平均值体现了一个几何关系，即过一个圆的直径上任意一点作垂线，直径被分开的两部分为 a、b，那么垂线在圆内的一半长度就是$\sqrt{ab}$（几何平均值），并且 $\frac{(a+b)}{2}\geqslant\sqrt{ab}$，这就是它的几何意思，也是称之为几何平均数的原因。

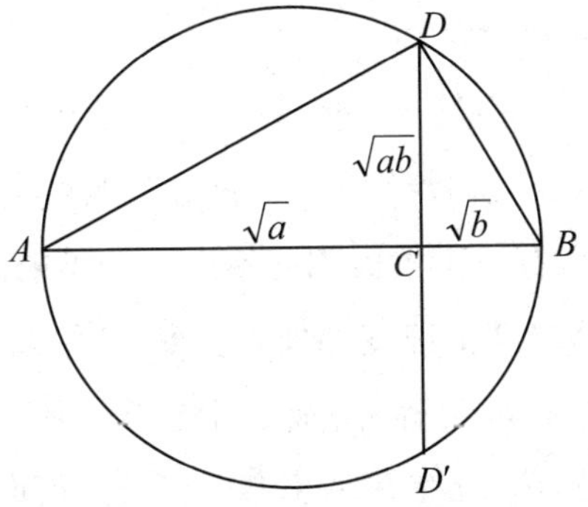

图 1–1　几何平均值几何含义示意图

几何平均数的特点：

①几何平均数受极端值的影响比算术平均数小，更适合反映一个数组的整体情况；

②如果变量值中包括有负值，计算出的几何平均数就会成为负数或虚数；

③几何平均数仅适用于具有等比或近似等比关系的数据；

④几何平均数的对数是各变量值对数的算术平均数。

5. 对数平均值

$$\bar{x}_n = \frac{x_1 - x_2}{\ln x_1 - \ln x_2} = \frac{x_1 - x_2}{\ln \dfrac{x_1}{x_2}} \tag{1-5}$$

以上介绍各种平均值，目的是要从一组测定值中找出最接近真值的那个值。平均值的选择主要决定于一组观测值的分布类型，在物理实验研究中，数据分布较多属于正态分布，故通常采用算术平均值。

1.2.2　误差的定义及分类

在任何一种测量中，无论所用仪器多么精密，方法多么完善，实验者多么细心，不同时间所测得的结果不一定完全相同，而有一定的误差和偏差，严格来讲，误差是指实验测量值（包括直接和间接测量值）与真值（客观存在的准确值）之差，偏差是指实验测量值与平均值之差，但习惯上通常将两者混淆运用。

根据误差的性质及其产生的原因，可将误差分为系统误差、偶然误差、过失误差三种。

1. 系统误差ε（systematic error）

又称恒定误差，是由某些固定不变的因素引起的。在相同条件下进行多次测量，其误差数值的大小和正负保持恒定，或随条件改变按一定的规律变化。

产生系统误差的原因有：①仪器刻度不准，砝码未经校正等；②试剂不纯，质量不符合要求；③周围环境的改变如外界温度、压力、湿度的变化等；④个人的习惯与偏向，如读取数据常偏高或偏低，记录某一信号的时间总是滞后，判定滴定终点的颜色程度各人不同等因素所引起的误差。可以用准确度一词来表征系统误差的大小，系统误差越小，准确度越高，反之亦然。

由于系统误差是测量误差的重要组成部分，因此消除和评估系统误差对提高测量准确度十分重要。一般系统误差是有规律的，其产生的原因也往往是可知的，在找出原因后可以清除掉。对于不能消除的系统误差，应设法确定或估算出来。主要的处理方法有以下几种。

（1）引入修正值。具体方法是用更高精确度的仪器对测量仪器进行重新校验定标，找到尽量多的修正值并绘制成表或曲线，在具体使用该仪器时，加上对应的修正值即可。

（2）引入修正函数。如果系统误差有某种已知的函数关系，从理论上讲，利用反函数即可修正。不过通常情况下，这个函数关系不太容易找到，那么这个时候就可以观察某些数据的局部情况，每一段找到近似的修正函数并分段修正，也可以大幅度减小系统误差。

在电子系统中，线性系统是比较常见的（如放大器），这时候只要找到修正比例系数即可，将测量结果乘这个修正系数即可得到准确的结果（这在软件系统中比较常用，这样可以省去调节硬件的麻烦）。

（3）尽量消除产生系统误差的条件。比如选择高精度的仪器仪表，对仪器仪表校零，保持环境条件稳定，选择有责任心的人员读数等。

（4）采用特殊的测量方法。例如采用替代法可以消除因测量仪器的不准确及环境条件改变等引起的系统误差，而采用正负误差可以抵消的性质能够消除一定的系统误差。例如用电磁仪表测量时，地磁场的影响就会造成系统误差，但是将仪表旋转180°，两种情况带来的系统误差必然是相反的，那么其平均值就没有系统误差了。

（5）统计法确定系统误差。由于系统误差ε是恒定的，随机误差δ可以相互抵消，设一系列重复测量值为x_1，x_2，…，x_n，测量值中含有随机误差δ_i和系统误差ε，设被测量的真值为X，则有

$$x_i = X + \delta_i + \varepsilon \tag{1-6}$$

由式（1–6）得，当$n \to \infty$时有

$$\overline{x} = \frac{1}{n}\sum_{i=1}^{n} x_i = \frac{1}{n}\left(nX + \sum_{i=1}^{n} \delta_i + n\varepsilon \right) = X + \varepsilon \tag{1-7}$$

这就是说，当n足够大时，随机误差δ的影响可以忽略，而系统误差则会反映在平均值$\overline{x}$中，利用修正值$c = -\varepsilon$在平均之前从x_i中扣除，就可以消除系统误差。

以上消除系统误差的方法经常交叉使用，显然一贯追求高性能仪器的做法是片面的。

2. 偶然误差

又称随机误差，是由某些不易控制的因素造成的。在相同条件下作多次测量，其误差的大小、正负方向不一定，产生原因不详，因而也就无法控制，主要表现在测量结果的分散性上，如果完全服从统计规律，那么研究随机误差就可以采用概率统计的方法。在误差理论中，常用精密度一词来表征偶然误差的大小。偶然误差越大，精密度越低，反之亦然。

在测量中，如果已经消除引起系统误差的一切因素，而所测数据仍在末一位或末二位数字上有差别，则为偶然误差。偶然误差的存在，主要是我们只注意到影响较大的一些因素，而往往忽略其他影响较小的因素，不是我们尚未发现，就是我们无法控制，而这些影响，正是造成偶然误差的原因。

3. 过失误差

又称粗大误差，与实际明显不符的误差，主要是由实验人员粗心大意所致，如读错、测错、记错等都会带来过失误差。含有粗大误差的测量值称为坏值，应在整理数据时依据常用的准则加以剔除。

综上所述，我们可以认为系统误差和过失误差总是可以设法避免的，而偶然误差是不可避免的，因此最好的实验结果应该只含有偶然误差。

1.3 测量的精密度、正确度和精确度

测量的质量和水平，可用误差的概念来描述，也可用准确度等概念来描述。国内外文献所用的名词术语不统一，精密度、正确度、精确度这几个术语的使用一向比较混乱。近年来趋于一致的多数意见是：

精密度：可以称作衡量某些物理量几次测量之间的一致性，即重复性。它可以反映偶然误差大小的影响程度。

正确度：指在规定条件下，测量中所有系统误差的总和，它可以反映系统误差大小的影响程度。

精确度（准确度）：指测量结果与真值偏离的程度。它可以反映系统误差和随机误差综合大小的影响程度。

为说明它们间的区别，往往用打靶来作比喻。如图 1–2 所示，第一靶的系统误差小而偶然误差大，即正确度高而精密度低；第二个靶的系统误差大而偶然误差小，即正确度低而精密度高；第三个靶的系统误差和偶然误差都小，即精确度（准确度）高。当然实验测量中没有像靶心那样明确的真值，需要设法去测定这个未知的真值。

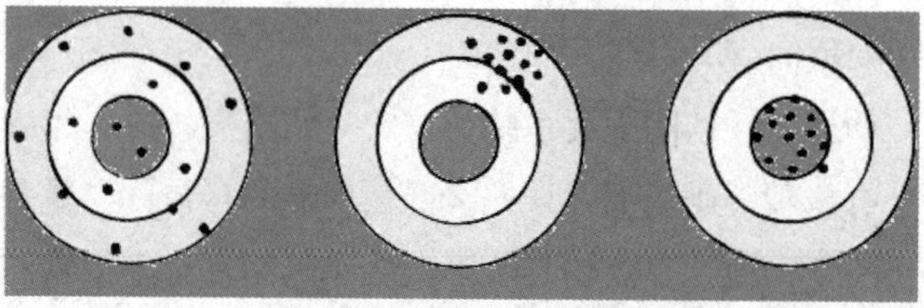

图 1–2 精密度、正确度、精确度含义示意图

对于实验测量来说，精密度高，正确度不一定高；正确度高，精密度也不一定高；但精确度（准确度）高，精密度与正确度必然都高。

第 2 章　误差的表示方法

2.1　测量点的误差表示

2.1.1　绝对误差δ

测量集合中某次测量值与其真值之差的绝对值称为绝对误差（absolute error）。

$$\delta = |X - x| \tag{2-1}$$

即

$$X - x = \pm\delta \qquad x - \delta \leqslant X \leqslant x + \delta$$

式中：X——真值，它存在但无法测得，计算时用理论值或者设定值替代；

x——测量集合中某测量值。

2.1.2　相对误差E_r

绝对误差与真值之比称为相对误差（relative error）

$$E_r = \left|\frac{\delta}{X}\right| \times 100\% \tag{2-2}$$

相对误差常用百分数或千分数表示。因此不同物理量的相对误差可以互相比较，相对误差与被测量的大小及绝对误差的数值有关。

2.1.3　引用误差

工具量程内最大示值误差与满量程示值之比的百分值称为引用误差（citational

error)，常用来表示仪表的精度。

$$引用误差=\frac{工具的最大示值误差}{仪表的测量上限}\times 100\% \tag{2-3}$$

其中工具的最大示值误差通常用$\Delta_{仪}$表示。

对工具来说，仪器仪表的基本误差不应超过所允许的误差，即国家规定的误差值，允许误差可以用引用误差的形式表示，即用引用误差结果去掉百分号、正负号后的数字来表示，也称为仪表的准确度级，如 0.1，0.2，0.3…对于多档仪表，不同档次显示值的绝对误差和程量范围均不相同。式（2–3）表明，若仪表显示值的绝对误差相同，则量程范围愈大，最大引用误差愈小。

关于测量仪器精度的几个重要名词：

（1）最大允差，仪器测量允许的最大测量误差（人为规定）；

（2）示值误差，测量值和真实值之间的差值（用标准工具校验）；

（3）精度等级，（最大测量示值误差 / 测量上限【量程】）×100%，级数越小，精度（准确度）就越高。

这里需要强调的是在实际测量中，有一些仪器仪表给出的是精度等级，需要根据公式计算出$\Delta_{仪}$；有一些工具给出的是最小精确值，如游标卡尺上的 0.1 mm、0.05 mm、0.02 mm，以及螺旋测微器上的 0.01 mm 等，这些值就是$\Delta_{仪}$；很多精度不高的仪器没有相关标识，如一般的直尺、钢卷尺等，没有给出任何相关的信息，则通常将该仪器最小分度值当成$\Delta_{仪}$，如直尺的$\Delta_{仪}=1$ mm。

另外，仪器仪表的$\Delta_{仪}$是使用该仪器时，在不考虑其他因素的情况下可能造成的误差范围，并不代表实际测量的真实误差，从不确定的角度来看待测量结果，即融入了概率的思想。因此，不必去深究使用该仪器是否就会造成这么大的误差。其次，仪器仪表的$\Delta_{仪}$是一个综合因子，即将该仪器仪表所造成的误差全部囊括于$\Delta_{仪}$，如游标卡尺本身的误差主要来自主尺的误差和副尺的误差，但实际上不会去单独研究两把最小刻度不同尺子的误差，而是融合于$\Delta_{仪}$，即三种可能值 0.1 mm、0.05 mm、0.02 mm。这主要根据国际标准《产品几何量技术规范（GPS）工体与测量设备的测量检验第 1 部分：按规范检验合格或不合格的判定规则》ISO 14253–1:1998，如游标卡尺 B 类的不确定度为 ±0.05 mm，这意味着在使用游标卡尺 B 类进行测量时，测量结果的误差范围应该在 ±0.05 mm 以内。如果测量结果的误差超过了这个范围，需要重新进行测量或者对游标卡尺进行校准调整。

2.2　测量列（集合）的误差表示

2.2.1　范围误差

范围误差是指一组测量中的最高值与最低值之差，以此作为误差变化的范围。使用中常应用误差系数的概念。

$$K = \frac{L}{\overline{L}} \tag{2-4}$$

其中，K为最大误差系数；L为范围误差；$\overline{L}$为算术平均值。范围误差最大缺点是使K只能取决于两极端值，而与测量次数无关。

2.2.2　算术平均误差

算术平均误差是表示误差的较好方法，其定义为

$$\overline{\delta} = \frac{\sum_{i=1}^{n}(x_i - X)}{n} = \frac{\sum_{i=1}^{n}\delta_i}{n},\ i=1,\ 2,\ \cdots,\ n \tag{2-5}$$

式中：n为观测次数；x_i为第i个测量值；X为测量真值；$\delta_i = x_i - X$为第i次测量值绝对误差，简称误差（error）。

2.2.3　标准差

算术平均误差的缺点是无法表示出每次测量间彼此符合的情况。例如，A、B 两组各有 6 位学生参加同一次物理测验，A 组的分数为 95、85、75、65、55、45，B 组的分数为 73、72、71、69、68、67。这两组的平均数都是 70，但显然 B 组学生分数差异更小，而 A 组同学的两极分化更严重，如果只看平均分很难看出 A、B 两组同学的分布离散程度。因此，需要引入方差（variance，D）或者标准

差（standard deviation，$\hat{\sigma}$），来表征各测量值的离散程度或者分散程度。

方差也称均方差，即误差平方的平均值，其计算公式如下：

$$D(x)=\frac{\sum(x_i-X)^2}{n} \tag{2-6}$$

其中，n为测量次数；x_i为第i个测量值；X为测量真值。

标准差是反映一组数据离散程度最常用的一种量化形式，是表示精确度的重要指标，其计算方法如下：

$$\hat{\sigma}(x)=\sqrt{\frac{\sum(x_i-X)^2}{n}} \tag{2-7}$$

由此看出方差是标准差的平方，即$D(x)=\delta^2(x)$ 。

按照测量统计可知，当测量次数增加时，测量结果在平均值上下的测量值概率会趋于相等，即绝对误差之和为零（$\lim\limits_{n\to\infty}\sum\limits_{i=1}^{n}\delta_i=0$）。通过以下证明，可以看出在不考虑系统误差的情况下，当$n\to\infty$时，算术平均值就是真值。

$$\bar{x}=\frac{1}{n}\sum_{i=1}^{n}x_i=\frac{1}{n}\sum_{i=1}^{n}(X+\delta_i)=\frac{1}{n}\sum_{i=1}^{n}\delta_i+X$$

$$n\to\infty,\quad \sum_{i=1}^{n}\delta_i\to 0$$

$$\bar{x}\to 0+X=X$$

因此（2–5）式可以改写为

$$\hat{\sigma}=\lim_{n\to\infty}\sqrt{\frac{\sum(x_i-\bar{x})^2}{n}} \tag{2-8}$$

因为要通过（2–5）或者（2–6）式计算标准差$\hat{\sigma}$，还都要求$n\to\infty$，因此σ也称为总体标准差。同时，因为真值X是不知道的，测量次数也不可能是无限次，所以上述两式都是理想化公式。

标准差能反映一个数据集的离散程度，平均数相同的两组数据，标准差未必相同。如 A 组的分数为 95、85、75、65、55、45，B 组的分数为 73、72、71、

69、68、67，对应的标准差分别约为 17.08 分、2.16 分，这说明 A 组学生之间的差距要比 B 组学生之间的差距大得多。标准误差不是一个具体的误差，σ的大小只说明在一定条件下等精度测量集合所属的任一次观察值对其该组数据算术平均值的分散程度，如果σ的值小，说明该测量集合中相应小的误差就占优势，任一次观测值对其算术平均值的分散度就小，测量的可靠性就大。

2.2.4　算术平均值标准差

如果在完全相同的条件下再重复测量很多组（m组）时，由于随机误差的影响，不一定能得到完全相同的平均值，这表明不同测量组的算术平均值本身具有离散性。为了评定重复测量组算术平均值的离散性，需引入算术平均值的标准差$\hat{\sigma}_{\bar{x}}$（arithmetic average deviation），也称为标准误差。在数学上$\hat{\sigma}_{\bar{x}}^2$可理解为σ^2的平均值，即$\hat{\sigma}_{\bar{x}}^2=\dfrac{\sigma^2}{m}$。由此得出算术平均值的标准误差$\hat{\sigma}_{\bar{x}}$与标准差有如下关系：

$$\hat{\sigma}_{\bar{x}}=\sqrt{\frac{\sum(x_i-X)^2}{nm}}=\frac{\sigma}{\sqrt{n}} \tag{2-9}$$

式中：m为重复测量次数；n为每次测量的数据个数。当m和n都足够大时，用n来表示。$\hat{\sigma}_{\bar{x}}$是测量次数 n 的函数，测量次数越多，算术平均值的标准误差就越小，所以多次测量能够提高测量的精度。

不同于某组数据的标准差，“算术平均值的实验标准偏差”描述的是多次测量所得到的（1 个）平均值相对于“真值”的分散程度，即描述的是某次测量的平均值的质量是好还是不好。因为“真值”是已经存在的（只不过你不知道它的具体值而已），所以不需要很多组平均值的数据。

2.2.5　测量列样本标准差

设一组等精度测量值为 x_1，x_2，$\cdots x_n$，并假设这些测量值服从正态分布且不含系统误差和粗大误差，测得值的数学期望和方差分别为$E(x)=X$和$D(x)=\hat{\sigma}^2$。由于真值是不可知的，在实际计算中，需要对方差和标准差公式进行修正，即求出二者的最佳估值，或者无偏差公式。根据平均值是真值的最佳估值这一结论，常用此测量的算术平均值$\bar{x}=\dfrac{1}{n}\sum_{i=1}^{n}x_i$来代表真值。绝对误差$\delta$也可用测得值$x_i$与算术平均值$\bar{x}$之差——残差（residual）$v_i$来代替。测量数据的残差分别为

$$v_1=x_1-\bar{x}，v_2=x_2-\bar{x}，v_3=x_3-\bar{x}，\cdots，v_n=x_n-\bar{x}$$

通过数学推导可得绝对误差δ_i与残差v_i的关系为

$$\begin{aligned}\sum_{i=1}^{n}(x_i-\bar{x})^2&=\sum_{i=1}^{n}(x_i^2-2x_i\bar{x}+\bar{x}^2)\\&=\sum_{i=1}^{n}x_i^2-2\bar{x}\sum_{i=1}^{n}x_i+\sum_{i=1}^{n}\bar{x}^2\\&=\sum_{i=1}^{n}x_i^2-2n\bar{x}^2+n\bar{x}^2\\&=\sum_{i=1}^{n}x_i^2-n\bar{x}^2\end{aligned}$$

上式两边取期望，可得

$$E(\sum_{i=1}^{n}(x_i-\bar{x})^2)=E(\sum_{i=1}^{n}x_i^2)-nE(\bar{x}^2)=\sum_{i=1}^{n}E(x_i^2)-nE(\bar{x}^2)$$

利用方差的定理

$$E(x_i^2)=D(x_i)+\left[E(x_i)\right]^2=\hat{\sigma}^2+X^2$$

$$E(\bar{x}^2)=D(\bar{x})+\left[E(\bar{x})\right]^2=\frac{\hat{\sigma}^2}{n}+X^2$$

可得

$$E(\sum_{i=1}^{n}(x_i-\bar{x})^2)=n\hat{\sigma}^2+nX^2-\hat{\sigma}^2-nX^2=(n-1)\ \hat{\sigma}^2$$

两边同除以$(n-1)$，可得

$$E\left(\frac{\sum_{i=1}^{n}(x_i-\bar{x})^2}{n-1}\right)=\hat{\sigma}^2$$

这表明测量值的方差是$\dfrac{\sum\limits_{i=1}^{n}(x_i-\overline{x})^2}{n-1}$的最佳估值，因此 x_1，x_2，…，x_n 的标准差可以写为

$$\hat{\sigma}=\sqrt{\frac{\sum\limits_{i=1}^{n}(x_i-\overline{x})^2}{n-1}} \tag{2-10}$$

这就是著名的贝塞尔公式（Bessel equation）。它用于有限测量次数时标准偏差的计算。当$n\to\infty$时，$\overline{x}\to X$，$n-1\to n$，所以贝塞尔公式与$\hat{\sigma}$的定义式（2–8）是完全一致的，即测量次数n足够大时，二者之间具有无偏性。

为了与无限次测量标准偏差（也称为总体标准差）区分开，（2–10）式结果称为测量列的标准差或者样本标准偏差或者实验标准偏差（sample standard deviation），并用“s”表示。于是，将式（2–10）改写为

$$s_x=\sqrt{\frac{\sum\limits_{i=1}^{n}(x_i-\overline{x})^2}{n-1}} \tag{2-11}$$

对于服从正态分布的正态总体，总体标准偏差$\hat{\sigma}$与s的关系可写为

$$\hat{\sigma}=\sqrt{\frac{n-1}{2}}\cdot\frac{\Gamma\left(\frac{n-1}{2}\right)}{\Gamma\left(\frac{n}{2}\right)}\cdot\sqrt{\frac{\sum\limits_{i=1}^{n}\left(x_i-\overline{x}\right)^2}{n-1}}$$

令$K_{\hat{\sigma}}=\sqrt{\dfrac{n-1}{2}}\cdot\dfrac{\Gamma\left(\frac{n-1}{2}\right)}{\Gamma\left(\frac{n}{2}\right)}$，则有

$$\sigma=K_{\hat{\sigma}}s \tag{2-12}$$

即$\hat{\sigma}$与s仅相差一个与测量次数有关的系数K_{σ}，其值可通过查表获得。

贝塞尔公式计算的是单次测量的实验标准差，即n次测量中某次结果相对于这n次的平均值的分散程度，也可以理解为这一批次测量（比如重复测量了n次）

完成后，其中某一次的测量结果。这里需要强调的是“单次测量的实验标准差”中的“单次”，不是指只测量了一次，而是指测量前平均值是未知的，所以要先测量多次获得平均值，进而才能得出这个标准差。

2.2.6 算术平均值的实验标准差

多次测量可以获得多个测量列，假设有m个测量列，可以得到m个平均值$\overline{x}_1$，$\overline{x}_2$，…，$\overline{x}_m$，它们可以构成一个测量列，且符合正态分布规律。有时候我们需要讨论这些平均值相对于“真值”的分散程度，即“算术平均值的实验标准差$s_{\overline{x}}$”（experimental standard deviation of the arithmetic mean）。这里也需要强调因为“真值”是已经存在的（只不过你不知道它的具体值而已），所以不需要很多组平均值的数据。

根据标准差的定义，可以得到算术平均值的实验标准差的期望值。

$$s_{\overline{x}}=\frac{s_x}{\sqrt{n}}=\sqrt{\frac{\sum_{i=1}^{n}(x_i-\overline{x})^2}{n(n-1)}} \tag{2-13}$$

算数平均值的标准差比任何一次测量的实验标准差都小，增加测量次数，可以减少平均值的标准偏差，进而提高测量的准确度。但是，$n>10$以后，n再增加，平均值的标准偏差的减小会很缓慢，如图 2–1 所示。因此，在物理实验教学中一般取$n>10$为 6～10 次。另外，测量次数过多，观测者容易疲劳，测量条件也可能不稳定，因而有可能出现增加随机误差的趋势。实际上，只有改进实验方法和仪器，才能从根本上改善测量的结果。

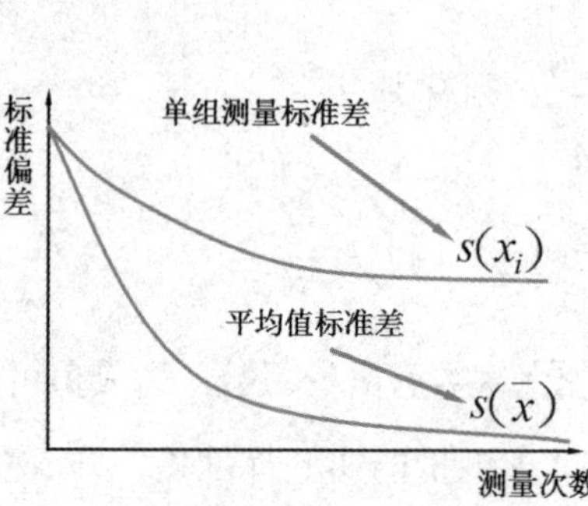

图 2–1　测量类和算术平均值的标准差随测量次数变化关系

2.3　仪表的精确度与测量值的误差

2.3.1　电工仪表等一些仪表的精确度与测量误差

我国电工仪表、压力表的准确度等级（accuracy class）就是按照引用误差进行分级的。我国电工仪表的精确度等级有七种：0.1、0.2、0.5、1.0、1.5、2.5、5.0。如某仪表的精确度等级为 2.5 级，则说明此仪表的最大引用误差为 2.5%。

当一个仪表的等级 s 选定后，用此表测量某一被测量时，所产生的最大绝对误差为

$$\Delta x_{\mathrm{m}} = \pm x_{\mathrm{m}} \times s\%$$

可以看出，绝对误差的最大值与该仪表的标称范围（量程）上限x_m成正比。

最大相对误差为

$$r_x = \frac{\Delta x_{\mathrm{m}}}{x} = \pm \frac{x_{\mathrm{m}}}{x} \times s\%$$

选定仪表后，被测量的值越接近于标称范围（量程）上限，测量的相对误差越小，测量越准确。

仪表准确度等级选择原则：

（1）不应单纯追求测量仪表准确度越高越好，而应根据被测量的大小，兼顾仪表的级别和标称范围（量程）上限合理进行选择。

（2）选择被测量的值应大于均匀刻度测量仪表量程上限的三分之二，即

$$x > \frac{2}{3} x_{\mathrm{m}}$$

测量的最大相对误差不超过

$$r_x = \frac{x_{\mathrm{m}}}{\frac{2}{3} x_{\mathrm{m}}} s\% = \pm 1.5 s\%$$

即测量误差不应超过测量仪表等级的 1.5 倍。

【例 1】某被测电压为 100 V 左右，现有 0.5 级、量程为 300 V 和 1.0 级、量

程为 150 V 两块电压表，问选用哪一块合适？

解：当用 0.5 级、量程为 300 V 的电压表测量时，有

$$r_1 = \pm \frac{x_{m1}}{x} s_1\% = \pm \frac{300}{100} \times 0.5\% = \pm 1.5\%$$

当用 1.0 级、量程为 150 V 的电表测量时，有

$$r_2 = \pm \frac{x_{m2}}{x} s_2\% = \pm \frac{150}{100} \times 1.0\% = \pm 1.5\%$$

可见，如果量程选择适当，用 1.0 级电压表进行测量与用 0.5 级一样准确。考虑到仪表等级越高，成本越高，故应选择 1.0 级电压表进行测量。

【例 2】检定一只 2.5 级、量程为 100 V 的电压表，发现在 50 V 处误差最大，其值为 2 V，而其他刻度处的误差均小于 2 V，问这只电压表是否合格？

解：该电压表的引用误差为

$$r_m = \frac{\Delta U_m}{U_m} = \frac{2}{100} = 2\%$$

由于 2%<2.5%，所以该电压表合格。

【例 3】某 1.0 级电流表，满度值（标称范围上限）为 100 μA，求测量值分别为 100，80 和 20 μA 时的绝对误差和相对误差。

解：根据题意得

$$s = 1.0,\ x_m = 100\ \mu\text{A},\ x_1 = 100\ \mu\text{A},\ x_2 = 80\ \mu\text{A},\ x_3 = 20\ \mu\text{A}$$

最大绝对误差为：

$$\Delta x_m = \pm x_m s\% = \pm 100 \times 0.1\% = \pm 1\ \mu\text{A}$$

他们的相对误差分别为：

$$r_{x_1} = \frac{\Delta x_m}{x_1} \times 100\% = \pm \frac{1}{100} \times 100\% = \pm 1\%$$

$$r_{x_2} = \frac{\Delta x_m}{x_2} \times 100\% = \pm \frac{1}{80} \times 100\% = \pm 1.2\%$$

$$r_{x_3} = \frac{\Delta x_m}{x_1} \times 100\% = \pm \frac{1}{20} \times 100\% = \pm 5\%$$

可见，在同一标称范围内，测量值越小，其相对误差越大。

2.3.2　天平类仪器的精确度和测量误差

这些仪器的精确度用以下公式来表示：

$$仪器的精确度 = \frac{名义分度值}{量程的范围} \tag{2-14}$$

式中：名义分度值实指测量时所能读出的最小分度单位，即每个最小分度所代表的数值。例如 TG—3284 型天平，其名义分度值（感量）为 0.1 mg，测量范围为 0～200 g，则其

$$精确度 = \frac{0.1}{(200-0)\times 10^3} = 5\times 10^{-7} \tag{2-15}$$

若仪器的精确度已知，也可用式（2–15）求得其名义分度值。

使用这些仪器时，测量的误差可用下式来确定：

$$\left.\begin{aligned} 绝对误差 &\leqslant 名义分度值 \\ 相对误差 &\leqslant \frac{名义度值}{测量值} \end{aligned}\right\} \tag{2-16}$$

2.4　测量值的实际误差

通常情况下，通过上述方法确定的仪表精确度所反映的测量误差，远小于测量值的实际误差。这是因为仪器没有调整到理想状态，如不垂直、不水平、零位没有调整好等都会引起误差；仪表的实际工作条件不符合规定的正常工作条件，会引起附加误差；仪器经过长期使用后，零件发生磨损，装配状况发生变化等，也会引起误差；可能存在有操作者的习惯和偏向所引起的误差；仪表所感受的信号实际上可能并不等于待测信号所引起的误差；仪表电路受到干扰所引起的误差等。

总而言之，影响测量值实际误差大小的因素有很多。为了获得较准确地测量结果，需要有较好的仪器，也需要有科学的态度和方法，以及扎实的理论知识和实践经验。

第 3 章　随机误差的分布规律

在测量中，随机误差是不可避免的。随机误差是由大量微小的没有准确规律的因素引起的，比如外界条件（温度、湿度、气压、电源电压等）的微小波动，电磁场的干扰，大地轻微振动等。多次测量可以使测量值和随机误差服从概率统计规律。因此，可用数理统计的方法，处理测量数据，从而减少随机误差对测量结果的影响。

3.1　正态统计分布

在相同的测量条件下，对某一被测量进行多次重复测量，假设系统误差已被减弱到可以被忽略的程度，由于随机误差的存在，测量结果 x_1，x_2，$\cdots x_n$ 一般存在着一定的差异。如果该被测量的真值为 X，则根据误差的定义，每次测量的误差为

$$\delta_i = x_i - X \tag{3-1}$$

大量的实验结果和统计理论都证明，在绝大多数物理测量中，当重复测量次数足够多时，随机误差 δ_i 服从或接近正态分布（或称高斯分布）规律。正态分布的特征可以用正态分布曲线形象地展现出来，如图 3–1 所示，横坐标为误差 δ_i，纵坐标为随机误差的概率密度分布函数 $f(\delta)$ 或者 $f(x)$。当测量次数 $n\to\infty$ 时，此曲线完全对称。

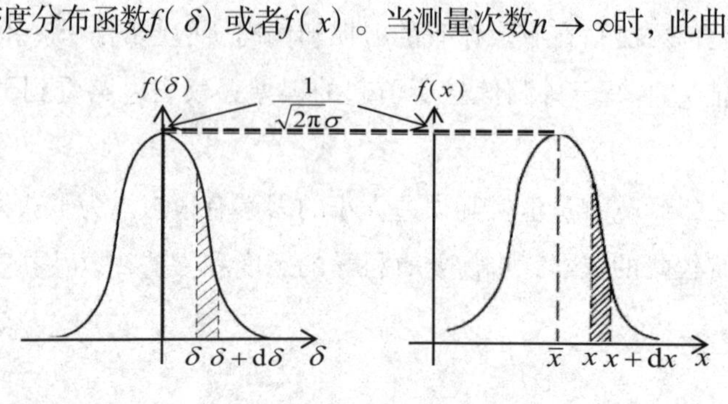

图 3–1　正态分布曲线图

3.1.1　正态分布的性质

（1）单峰性。误差为零处的概率密度最大，即绝对值小的误差出现的可能性（概率）大，绝对值大的误差出现的可能性（概率）小。

（2）对称性（抵偿性）。大小相等的正误差和负误差出现的机会均等，对称分布于真值的两侧，当测量次数非常多时，正误差和负误差相互抵消，于是，误差的代数和趋向于零。

（3）有界性。在一定测量条件下，误差的绝对值不会超过一定限度，即非常大的正误差或负误差出现的可能性几乎为零。

根据误差理论可以证明函数$f(\delta)$ 与$f(x)$ 的数学表达式分别为

$$
\begin{aligned}
f(\delta) &= \frac{1}{\sqrt{2\pi}\sigma}\mathrm{e}^{-\frac{\delta^2}{2\sigma^2}} \\
f(x) &= \frac{1}{\sqrt{2\pi}\sigma}\mathrm{e}^{-\frac{(x-X)^2}{2\sigma^2}}
\end{aligned} \tag{3-2}
$$

其中，σ是标准差。测量值的随机误差出现在（$\delta, \delta+\mathrm{d}\delta$）或（$x, x+\mathrm{d}x$）区间内的可能性为$f(\delta)\,\mathrm{d}\delta$或$f(x)\,\mathrm{d}x$，即图 3–1 中阴影线所包含的面积元。

3.1.2　正态分布的标准误差及其计算

1. 标准误差的物理意义

按照概率理论，误差δ出现的区间$(-\infty, +\infty)$的事件是必然事件，所以$\int_{-\infty}^{+\infty} f(\delta)\,\mathrm{d}\delta = 1$，即曲线与横轴所包围面积恒等于 1。当$\delta = 0$时，由式（3–2）得

$$
f(0) = \frac{1}{\sqrt{2\pi}\sigma} \tag{3-3}
$$

由式（3–3）可见，若测量的标准误差σ很小，则$f(0)$ 就会很大。同理，当$x = \bar{x} = X$（不考虑系统误差，且测量次数足够多）时，$f(\bar{x}) = \frac{1}{\sqrt{2\pi}\sigma}$。由于曲线与横轴间围成的面积恒等于 1，所以如果曲线中间凸起较大，两侧下降较快，相应的测量必然是绝对值小的随机误差出现较多，即测得值的离散性小，重复测量所得的结果相互接近，测量的精密度高；相反，如果σ很大，则$f(0)$ 就很小，误差

分布的范围就较宽，就说明测得值的离散性大，测量的精密度低。这两种情况的正态分布曲线如图 3–2 所示。σ反映的是一组测量数据的离散程度，常称它为测量列或者实验的标准误差。

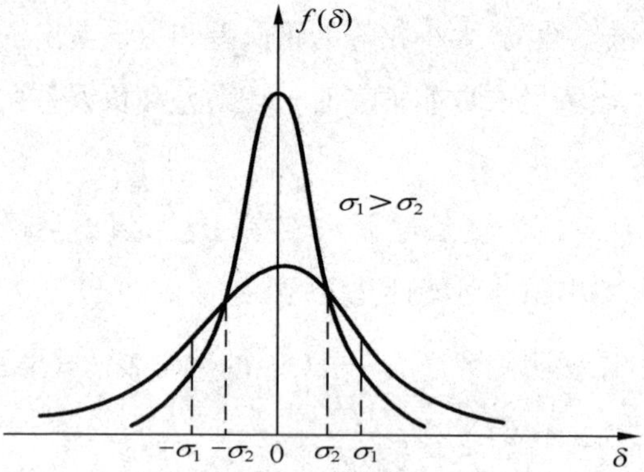

图 3–2 σ 与 δ 的离散性关系图

可以证明，误差在区间（$-\sigma,\sigma$）或者（$\bar{x}-\sigma$，$\bar{x}+\sigma$）内出现的概率为

$$P(|\delta|<\sigma)=\int_{-\sigma}^{\sigma} f(\delta)\,\mathrm{d}\delta=\int_{\bar{x}-\sigma}^{\bar{x}+\sigma} f(x)\,\mathrm{d}x=0.682\ 689\approx 68.3\% \tag{3-4}$$

即由$-\sigma$到$+\sigma$之间正态分布曲线下的面积占总面积的 68.3%。这就是说，如果测量次数 n 很大，则在所测得的数据中，将有占总数 68.3% 的数据的误差落在区间（$-\sigma,+\sigma$）内；即在所测得的数据中，任一个数据 x_i 的误差 δ 落在区间（$-\sigma,+\sigma$）内的概率为 68.3%。区间（$-\sigma,+\sigma$）称为置信区间，测量误差在置信区间出现的概率 P 为置信概率。也可证明，$P(|\delta|<3\sigma)=0.9973\approx 99.7\%$，这表明随机误差超过$\pm 3\sigma$范围的测得值的概率是非常小的。根据这点，可在多次重复测量中，剔除由于过失引起的异常数据。

同时，由概率积分$P(|\delta|<k\sigma)=\int_{-k\sigma}^{k\sigma} f(\delta)\mathrm{d}\delta=\int_{\bar{x}-k\sigma}^{\bar{x}+k\sigma} f(x)\mathrm{d}x$可得如下一些典型数据：

$$P(|\delta|<1.96\sigma)=0.9500 \qquad P(|\delta|<2\sigma)=0.9545$$

$$P(|\delta|<2.58\sigma)=0.9901 \qquad P(|\delta|<4\sigma)=0.9999$$

对于不同的要求，置信概率可取不同的值，常见的取值有 0.68、0.90、0.95、0.99

等。在 P=0.95 时，不必注明 P 值。在众多工业和商业用途上所用的约定概率为 0.95。

2. 实际标准差的计算

对于无限次测量，由第二章阐述可知，标准差为

$$\sigma=\lim_{n\to\infty}\sqrt{\frac{\sum_{i=1}^{n}(x_i-a)^2}{n}} \tag{3-5}$$

但实际测量的次数往往是有限的，且真值不可能得到，所以标准误差也无法计算。因此，用算术平均值来代替真值，用测量列标准偏差s_x来代替标准差σ，即标准差采用如下方法计算：

$$\sigma=s_x=\sqrt{\frac{\sum_{i=1}^{n}(x_i-\bar{x})^2}{n-1}} \tag{3-6}$$

通过前面的讨论，可以看出误差一词有两重意义。一是它定义为测量值与真值之差，是确定的，但是一般不可能求出具体的数值；二是当它与某些词构成专用词组时（如标准误差），不是指具体的误差值，而是用来描述误差分布的数值特征，表示与一定的置信概率相联系的误差范围。

3. 置信度与置信区间

置信度（置信概率）是用来描述测量结果处于某一范围内可靠程度的量，一般用百分数表示。置信区间，即所选择的这个范围，一般用标准差 δ 的倍数表示。理论证明，当平均值$\bar{x}$和标准差σ确定后，曲线的正态分布形状就确定了。在正态分布下，不同随机误差区间出现的概率如图 3–3 所示。从图中可以看出，随机误差 $\delta(x)$ 在 1 倍标准差 $\pm1\ \sigma$区间内，其出现的概率为 68.27%；在 2 倍标准差 $\pm2\ \sigma$区间内，其出现的概率为 95.45%；在 3 倍标准差 $\pm3\ \sigma$区间内，其出现的概率为 99.73%。显然，随着倍率区间的扩大，随机误差出现的概率将无限接近于 100%。工程上一般置信区间达到 $\pm3\delta$ 以后，随机误差出现的概率就很小了（只有剩余的 0.23%）。

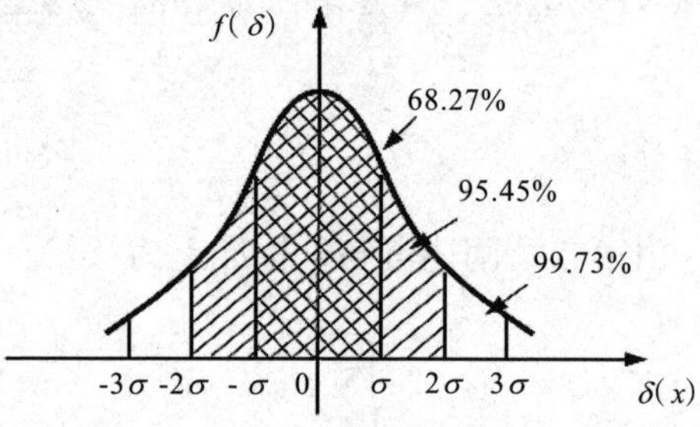

图 3–3　不同的标准差σ对应的置信概率图

在实际数据处理中，可根据概率论重新计算不同测量次数下，真值落在某一区间$\left[\overline{x}-ks_{\overline{x}},\overline{x}+ks_{\overline{x}}\right]$的所对应概率 P 系数的概率系数 k，具体参数如表 3–1 所示。在使用时，可根据测量次数查询不同置信概率对应的置信系数。如测量次数为 10 次时，置信概率为 0.683、0.955、0.997 对应的置信系数分比为 1.052 59、2.283 68、3.956 89；当测量次数为无限次时，可查询表格最后一行参数，不同置信概率对应的置信系数和前面是一致的。

3.2　非正态统计分布

除常见的正态分布外，测量中还有非正态分布，如均匀分布、三角分布、反正弦分布、梯形分布等，其中最常见的是均匀分布，一般情况下仪器中的刻度盘回差、最小分辨力引起的误差、“四舍五入”的截尾误差、数字仪表的量化误差，以及只能估计误差在某一范围内，而不知其分布时，均可认为服从均匀分布。由于常见的非正态分布基本上是有限的，因此，设其置信限为误差极限$\pm a$，即误差的置信区间为$|\delta|<C_n\sigma$，置信概率为 100%，其中C_n为极限因子。不同的分布C_n是不同的，这将在第 4 章进行详细阐述。

3.3　测量结果的表示

由于真值是客观存在的，因此测量结果可以用接近真值的概率来表示，即用真值的最佳估值为中心，上下浮动一定范围，在只考虑统计结果的情况下，测量

表 3-1　正态分布置信系数表

测量次数	不同置信概率对应的置信系数									
	68.3%	80.0%	90.0%	95.0%	95.5%	98.0%	99.0%	99.9%	99.5%	99.7%
1	1.837 41	3.077 68	6.313 75	12.706 20	13.967 81	31.820 52	63.656 74	636.619 25	127.321 34	235.783 69
2	1.321 32	1.885 62	2.919 99	4.302 65	4.526 55	6.964 56	9.924 84	31.599 05	14.089 05	19.206 02
3	1.196 91	1.637 74	2.353 36	3.182 45	3.306 83	4.540 70	5.840 91	12.923 98	7.453 32	9.218 70
4	1.141 65	1.533 21	2.131 85	2.776 45	2.869 32	3.746 95	4.604 09	8.610 30	5.597 57	6.620 07
5	1.110 53	1.475 88	2.015 05	2.570 58	2.648 65	3.364 93	4.032 14	6.868 83	4.773 34	5.506 98
6	1.090 59	1.439 76	1.943 18	2.446 91	2.516 53	3.142 67	3.707 43	5.958 82	4.316 83	4.903 99
7	1.076 74	1.414 92	1.894 58	2.364 62	2.428 81	2.997 95	3.499 48	5.407 88	4.029 34	4.529 91
8	1.066 55	1.396 82	1.859 55	2.306 00	2.366 42	2.896 46	3.355 39	5.041 31	3.832 52	4.276 58
9	1.058 75	1.383 03	1.833 11	2.262 16	2.319 81	2.821 44	3.249 84	4.780 91	3.689 66	4.094 20
10	1.052 59	1.372 18	1.812 46	2.228 14	2.283 68	2.763 77	3.169 27	4.586 89	3.581 41	3.956 89
11	1.047 59	1.363 43	1.795 88	2.200 99	2.254 87	2.718 08	3.105 81	4.436 98	3.496 61	3.849 89
12	1.043 46	1.356 22	1.782 29	2.178 81	2.231 35	2.681 00	3.054 54	4.317 79	3.428 44	3.764 24
13	1.039 99	1.350 17	1.770 93	2.160 37	2.211 80	2.650 31	3.012 28	4.220 83	3.372 47	3.694 15
14	1.037 04	1.345 03	1.761 31	2.144 79	2.195 29	2.624 49	2.976 84	4.140 45	3.325 70	3.635 76
15	1.034 49	1.340 61	1.753 05	2.131 45	2.181 17	2.602 48	2.946 71	4.072 77	3.286 04	3.586 39
16	1.032 26	1.336 76	1.745 88	2.119 91	2.168 94	2.583 49	2.920 78	4.015 00	3.251 99	3.544 09
17	1.030 31	1.333 38	1.739 61	2.109 82	2.158 26	2.566 93	2.898 23	3.965 13	3.222 45	3.507 46
18	1.028 58	1.330 39	1.734 06	2.100 92	2.148 85	2.552 38	2.878 44	3.921 65	3.196 57	3.475 44
19	1.027 04	1.327 73	1.729 13	2.093 02	2.140 50	2.539 48	2.860 93	3.883 41	3.173 72	3.447 20
20	1.025 66	1.325 34	1.724 72	2.085 96	2.133 03	2.527 98	2.845 34	3.849 52	3.153 40	3.422 12

续表

测量次数	不同置信概率对应的置信系数									
	68.3%	80.0%	90.0%	95.0%	95.5%	98.0%	99.0%	99.9%	99.5%	99.7%
21	1.024 41	1.323 19	1.720 74	2.079 61	2.126 31	2.517 65	2.831 36	3.819 28	3.135 21	3.399 69
22	1.023 27	1.321 24	1.717 14	2.073 87	2.120 24	2.508 32	2.818 76	3.792 13	3.118 82	3.37952
23	1.022 24	1.319 46	1.713 87	2.068 66	2.114 73	2.499 87	2.807 34	3.767 63	3.104 00	3.361 29
24	1.021 29	1.317 84	1.710 88	2.063 90	2.109 70	2.492 16	2.796 94	3.745 40	3.090 51	3.344 72
25	1.020 43	1.316 35	1.708 14	2.059 54	2.105 09	2.485 11	2.787 44	3.725 14	3.078 20	3.329 60
26	1.019 63	1.314 97	1.705 62	2.05553	2.100 85	2.478 63	2.778 71	3.706 61	3.066 91	3.315 75
27	1.018 89	1.313 70	1.703 29	2.05183	2.096 95	2.472 66	2.770 68	3.689 59	3.056 52	3.303 02
28	1.018 20	1.312 53	1.701 13	2.048 41	2.093 33	2.467 14	2.763 26	3.673 91	3.046 93	3.291 27
29	1.017 56	1.311 43	1.699 13	2.045 23	2.089 97	2.462 02	2.756 39	3.659 41	3.038 05	3.280 40
30	1.016 97	1.310 42	1.697 26	2.042 27	2.086 85	2.457 26	2.750 00	3.645 96	3.029 80	3.270 30
40	1.012 68	1.303 08	1.683 85	2.021 08	2.064 46	2.423 26	2.704 46	3.550 97	2.971 17	3.198 74
50	1.010 12	1.298 71	1.675 91	2.008 56	2.051 25	2.403 27	2.677 79	3.496 01	2.936 96	3.157 12
60	1.008 43	1.295 82	1.670 65	2.000 30	2.042 53	2.390 12	2.660 28	3.460 20	2.914 55	3.129 91
70	1.007 22	1.293 76	1.666 91	1.994 44	2.036 35	2.380 81	2.647 90	3.435 01	2.898 73	3.110 73
80	1.006 31	1.292 22	1.664 12	1.990 06	2.031 74	2.373 87	2.638 69	3.416 34	2.886 97	3.096 48
90	1.005 61	1.291 03	1.661 96	1.986 67	2.028 16	2.368 50	2.631 57	3.401 94	2.877 88	3.085 48
100	1.005 05	1.290 07	1.660 23	1.983 97	2.025 31	2.364 22	2.625 89	3.390 49	2.870 65	3.076 73
110	1.004 59	1.289 30	1.658 82	1.981 77	2.022 99	2.360 73	2.621 26	3.381 18	2.864 76	3.069 61
120	1.004 21	1.288 65	1.657 65	1.979 93	2.021 05	2.357 82	2.617 42	3.373 45	2.859 86	3.063 69
∞	1.000 02	1.281 55	1.644 85	1.959 96	2.000 00	2.326 35	2.575 83	3.290 53	2.807 03	2.999 98

结果可表示为$x=[\bar{x}-k\sigma_{\bar{x}},\bar{x}+k\sigma_{\bar{x}}]$，其中 k 为置信系数或置信因子，对应的概率为真值落在此区间的置信概率。

当测量的部分数据超过结果可能出现的范围时，则称这些数据为“坏值”或者粗大误差，随意舍弃这些粗大误差，以获得实验结果的一致，这是一种错误做法，粗大误差的舍弃要有理论依据。

如何判断数据是否属于异常值？即如何对测量数据中的粗大误差进行剔除，这需要从统计的角度进行分析。对于正态分布规律的测量值而言，当测量次数很大（≥200 次），最简单的方法是以三倍标准误差为依据。从概率的角度来看，大于$3\hat{\sigma}(x)$（测量列标准差）的误差所出现的概率只有 0.3%，故通常把这一数值称为极限误差，即

$$\delta_{极限}=3\hat{\sigma}(x) \tag{3-7}$$

如果个别测量的误差超过$3\hat{\sigma}(x)$，那么就可以认为属于过失误差而将其舍弃，这个规则也称为三西格玛准则或者莱特检验法则。

对于测量次数稍微少一点（$n\geqslant 6$）的情况，可根据表 3–1 查出置信概率为 99.7% 所对应的置信系数C_n，然后剔除在$\bar{x}\pm C_n\hat{\sigma}(x)$ 范围以外的数据，这个法则称为肖维涅法则。

【例 1】对某电压进行了 16 次等精度测量，测量数据中已计入修正值，如表 3–2 所示。要求给出包括误差在内的测量结果表达式。

表 3–2　某电压 16 次等精度测量

序号	测量值	剔除前残差	剔除后残差	序号	测量值	剔除前残差	剔除后残差
1	205.3	0	0.09	9	205.71	0.41	0.5
2	204.94	-0.36	-0.27	10	204.7	-0.6	-0.51
3	205.63	0.33	0.42	11	204.86	-0.44	-0.35
4	205.24	-0.06	0.03	12	205.35	0.05	0.14
5	206.65	1.35	剔除	13	205.21	-0.09	0
6	204.97	-0.33	-0.24	14	205.19	-0.11	-0.02
7	205.36	0.06	0.15	15	205.21	-0.09	0
8	205.16	-0.14	-0.05	16	205.32	0.02	0.11

续表

剔除前		剔除后	
数据个数	16	数据个数	15
平均值	205.30	平均值	205.21
标准差	1.330	标准差	0.27
剔除值	206.65	算术平均值标准差	0.07
		测量结果	205.21±0.07
		置信概率	68.3%

解：（1）算出平均值：$\overline{x}=\frac{1}{16}\sum_{i=1}^{16}x_i=205.30$

（2）计算残差：$v_i=(x_i-\overline{x})$

（3）计算测量列的标准差：$s_x=\sqrt{\frac{\sum_{i=1}^{16}v_i^2}{15}}=0.4434$

（4）莱特检验法则进行数据剔除（因为数据较多，这里也可以根据肖维涅法则进行数据剔除）：$|v_i|\geqslant 3s_x=1.330$，表中第 5 个数据的残差大于该值，则应予以剔除。

（5）对剩下的 15 个数据进行重新计算：$\overline{x}=\frac{1}{15}\sum_{i=1}^{15}x_i=205.21$，残差（表 3–2），以及测量类标准差 $s_x=\sqrt{\frac{\sum_{i=1}^{15}v_i^2}{14}}=0.27$

（6）在按照莱特检验法则对剩下数据进行验证，看是否还需要剔除：$|v_i|\geqslant 3s_x=0.81$。可以看出，所有数据均在范围内，不需要剔除。

（7）计算算术平均值的标准差：$s_{\overline{x}}=\sqrt{\frac{s_x}{15}}=0.07$

（8）结果：$x=\overline{x}\pm s_{\overline{x}}=205.21\pm 0.07$（$P$=68.3%）

第 4 章　不确定度与直接测量

4.1　不确定度的概念

不确定度（uncertainty）的含义是指由于测量误差的存在，对被测量值不能肯定的程度，或者说是对被测量的真值所处范围的评定。不确定度测量也表明该结果的可信赖程度，它是测量结果质量的指标。不确定度越小，所述结果与被测量的真值越接近，质量越高，水平越高，其使用价值就越高；不确定度越大，测量结果的质量越低，水平越低，其使用价值也越低。在报告物理量测量的结果时，必须给出相应的不确定度，一方面便于使用它的人评定其可靠性，另一方面也增强了测量结果之间的可比性。

标准偏差和不确定度是实验误差分析和结果表示的两个重要概念，他们之间既有相同之处也有不同的含义。首先，标准偏差是统计学的概念，是用来衡量数据集合中数据分散程度的统计量，标准偏差越大，代表数据的离散程度越高，反之亦然。在数据分析中，我们可以通过标准偏差来判断数据的离散程度，进而对数据的特征进行分析和比较。不确定度则是测量学的概念，用来表示测量结果的不确定程度，不确定度的大小取决于测量仪器的精度和测量方法的可靠性，通常用标准不确定度来表示。在实际测量中，可通过不确定度来描述测量结果的可信程度。标准差更具有统计性，是不确定度的一种度量方式，不确定度更具有系统性，包含了更多的因素，其主要来源有如下五个维度。

（1）测量方法：对被测量的定义不完善；应用于数据计算的常量或其他参量不准；测量方法和测量程序的近似性和假定性。

（2）测量仪器：测量仪器的分辨力或鉴别力不够；赋予计量标准或标准物质的值不准。

（3）测量条件：复现测量的测量方法不理想；对测量过程受环境影响的认识不周全，或对环境条件的测量与控制不完善。

（4）测量人员：对模拟仪器的读数存在人为偏差。

（5）被测对象：抽样的代表性不够，即被测量的样本不能代表所定义的被测量；在表面上看来完全相同的条件下，被测量重复观测的变化。

另外，不确定度与测量误差之间也是有区别的，其对比如表 4–1 所示。

表 4–1　测量误差与测量不确定度的主要区别

序号	测量误差	测量不确定度
1	测量结果减去被测量真值，是具有正号和负号的量值	用标准偏差或其倍数半宽度（置信区间）表示，并需要说明置信概率，无符号参数
2	表明测量结果偏离真值	说明合理地赋予被测量之值（最佳估值）的分散性
3	客观存在，不以人的认识程度而改变	与评定人员对被测量、影响量及测量过程的认识密切相关
4	不能准确得到真值，而是用约定真值代替真值，此时只能得到真值的估计值	通过实验、资料、根据评定人员的理论和实践经验进行评定，可以定量给出
5	按性质可分为随机误差和系统误差两大类，都是无穷多次测量下的理想概念	不必区分性质，必要时可表述为“随机效应或系统效应引起的不确定度分量”；可将评定方法分为“A类或 B 类标准不确定度评定方法”
6	已知系统误差的估计值，可对测量结果进行修正，得到已修正的测量结果	不能用测量不确定度修正测量结果

4.2　多次测量的不确定度

对同一物理量进行多次测量，其不确定度主要来自两个方面：一方面，用统计方法评定的 A 类不确定度（u_A），这和标准差有直接关系；另一方面，不能用统计方法来处理的不确定度称为 B 类不确定度（u_B），这主要和使用的仪器设备和实验方法等有关，如单次测量的最大示值误差、最小刻度的一半，以及估计误差等。

4.2.1　A 类不确定度

因 A 类不确定度是使用实验数据统计进行评价的，因此直接测量的 A 类不确定度与前面随机误差分析中的标准差、测量列的标准差、算术平均值标准差等表征离散程度的统计量直接相关。在实际测量中，通常用测量数据的算术平均值的标准差作为 A 类标准不确定度的最佳估值，即

$$u_{\mathrm{A}}=s_{\bar{x}}=\sqrt{\frac{\sum_{i=1}^{n}(x_i-\bar{x})^2}{n(n-1)}} \tag{4-1}$$

注意该不确定度称为标准不确定度，通常只是作为标准的比较值，如果测量明确规定了测量结果的置信概率区间，则相应的 A 类不确定度为$k_{\mathrm{A}}u_{\mathrm{A}}$，其中$k_{\mathrm{A}}$为与置信概率 P 对应的置信系数，该系数与测量次数和随机误差分布规律有关。对于正态分布而言，可查表 3–1 获得不同测量次数下不同置信概率对应的置信系数。

4.2.2　B 类不确定度

使用统计分析方法对误差范围进行估计称作 B 类不确定度，如仪器误差和实验方法等造成的误差。B 类不确定度有时取决于人的经验，是一种比较近似的估计。B 类不确定度一般是先确定影响量引起被观测值变化的范围，如最小刻度的半宽、仪器的最大示值误差等，同时估计这一变化可能的分布，再推算出不确定度分量。其实“分布”就是一种数理统计特征。所以，B 类不确定度本质上还是离不开统计分析的方法，只不过这种统计分析，不是通过评定者重复试验得出的，而是基于他人的统计分析结果，即按照现有信息加以评定，或者理论上推算出来的，因此 B 类不确定度的评定一般不需要对被测量在统计控制状态下（或是重复性条件下或复现性条件下）进行重复观测。

对于明确了最大示值误差的仪器仪表，即明确了因仪器本身而造成的被观测值变化的范围，如游标卡尺的 0.1 mm、0.05 mm、0.02 mm，螺旋测微器的 0.01 mm，直尺的 1 mm 等，则可采用类似于 A 类不确定度的模式，即引入标准差来表述 B 类不确定度，则 B 类标准不确定度为

$$u_{\mathrm{B}}=\sigma_{仪}=\frac{\Delta_{仪}}{C_n} \tag{4-2}$$

其中，C_n为误差极限置信系数（部分参考书也称为k因子）。对于没有明确给出最大示值误差的仪器仪表，则需要根据实际情况确定 B 类不确定度，如测量一个物体的质量，使用相对精度 5×10^{-7}，最小分度值 $\Delta_{天}=0.0001$ g 的分析天平，以及最大允差 $\Delta_{砝}=0.002$ g 的砝码，则其整体 B 类不确定度应该来自两部分，即天平本身和砝码，二者应该按照误差传递的数学规律，在考虑权重因子、置信概率、置信系数的情况下，进行综合考虑，具体计算在第 5 章中进行介绍。

另外，结合以往的参数信息，考虑因测量对象、环境、人为等因素造成的不确定，即估计不确定度$\Delta_{估}$，这也属于 B 类不确定度。因此，B 类标准不确定度可改写为

$$u_{\mathrm{B}}=\sigma_{仪}=\frac{\sqrt{\Delta_{仪}^2+\Delta_{估}^2}}{C_n} \tag{4-3}$$

一般情况下，数字式仪表的$\Delta_{估}=0$，模拟式仪表$\Delta_{估}\leqslant$最小刻度的一半。通常情况下，在实验误差分析中，对$\Delta_{估}$分析得比较少，除非实验操作者对该仪器或者待测对象，以及自身习惯等有较为深入的认识，并形成一定的经验，才会给出一个$\Delta_{估}$的值。从概率的角度来看，由于是采用标准差的形式来描述 B 类标准不确定度，则不考虑 A 类不确定度的情况下，也有真值落在平均值上下u_{B}范围内的概率为$P\approx68.3\%$。

系数C_n与测量数据分布有关，一般按仪器证书给出分布计算；若证书未给出分布时，可估计为正态分布；当缺乏足够信息时，只能取均匀分布；在比较重要的场合，且又是不确定度中的主要分量，建议采用保守性的选择，即将不确定范围适当放大。目前，常见的物理测量数据分布类型有正态分布、均匀分布、三角分布、反正弦分布等，根据其置信概率为 100% 时横坐标的半宽度（简称半宽），以及积分公式推导出相应的系数C_n值，具体如表 4–2 所示。米尺、千分尺、物理天平、秒表等的误差分布服从正态分布，即误差极限系数为 3，而游标卡尺的误差分布是均匀分布，误差极限系数为$\sqrt{3}$。

表 4–2　不同类型概率分布的极限系数C_n

分布	正态	三角	均匀	反正弦	梯形分布
极限系数C_n（P=1）	3	$\sqrt{6}$	$\sqrt{3}$	$\sqrt{2}$	2

如果测量明确规定了测量结果的置信概率区间，则相应的 B 类不确定度为 $k_B U_B$，其中，k_B为与置信概率 P 对应的置信系数。表 4–3 给出了不同分布的置信概率 P 对应的置信系数。

表 4–3　不同概率分布下的误差极限置信系数C_n

分布类型	不同置信概率下所对应的误差极限置信系数C_n								
	50.0%	57.7%	65.0%	68.3%	90.0%	95.0%	95.5%	99.0%	99.7%
正态分布	0.675			1.000	1.650	1.960	2.000	2.580	3.000
均匀分布	0.877	1.000		1.183	1.559	1.645	1.654	1.715	1.727
三角分布	0.717	0.862	1.000	1.064	1.675	1.901	1.929	2.204	2.315

【例 1】使用量程为 0～300 mm，分度值为 0.05 mm 的游标卡尺，测量长度时，其示值误差在 ±0.05 mm 以内，即极限误差为$\varDelta_{仪}$ =0.05 mm ，则由此游标卡尺引入的标准不确定度为多少?

解：根据$u_B = \sigma_{仪} = \dfrac{\sqrt{\varDelta_{仪}^2 + \varDelta_{估}^2}}{C_n}$，若不考虑估计误差，则有

$$u_B = \frac{\varDelta_{仪}}{\sqrt{3}} = \frac{0.05}{\sqrt{3}} = 0.029\ \text{mm}$$

4.2.3　C 类不确定度

C 类不确定度是 A 类和 B 类不确定度综合的结果，因此也称合成不确定度。与 A 类和 B 类标准不确定度对应的是 C 类标准不确定度，其表达式为

$$u_C = \sqrt{u_A^2 + u_B^2} = \sqrt{s_{\bar{x}}^2 + \sigma_{仪}^2} \qquad (4\text{-}4)$$

即置信概率 P=68.3% 所对应的不确定度。

同理，如果测量明确规定了测量结果的置信概率区间，则相应的 C 类不确定度的计算式为

$$u_{C-P}=\sqrt{(k_A u_A)^2+(k_B u_B)^2} \tag{4-5}$$

上式也称为任意置信区间的合成不确定度。这里需要强调的是k_A和k_B必须对应相同的置信概率，这样合成不确定才有意义，否则计算结果失效。

【例 2】用千分测量一个球的直径，测量了 10 次，结果如下：

$$\bar{D}=12.345\ \text{mm} \qquad n=10$$

$$\sigma=0.008\ \text{mm} \qquad \Delta_B=0.004\ \text{mm}$$

则$U_{P=0.95}=\sqrt{(k_A u_A)^2+(k_B u_B)^2}=\sqrt{\left(2.26\times\frac{0.008}{\sqrt{10}}\right)^2+\left(1.96\times\frac{0.004}{3}\right)^2}=0.007\text{mm}$，

$D=\bar{D}\pm u_P=(12.345\pm0.007)\ \text{mm}$。

4.3 单次测量的不确定度

有时因条件所限不可能进行多次测量（如地震波强度、雷电时电晕电流强度等）；或者由于仪器精度太低，多次测量读数相同，测量随机误差较小；或者对测量结果的精度要求不高等情况，往往只进行一次测量。

单次测量时，A 类不确定度无法考虑，最佳估计值即测量值本身。因此，单次测量合成不确定度只考虑 B 类不确定度，且建议采用保守性的选择，即将不确定范围适当放大至

$$u_C=\sqrt{\Delta_{仪}^2+\Delta_{估}^2} \tag{4-6}$$

在实际计算中，对于未给定仪器的最大示值误差，可取仪器及表盘上最小刻度的一半作为单次测量的$\Delta_{估}$，则$u_C=\Delta_{估}$，如用直尺测桌子长度，$L=(1200.0\pm0.5)\ \text{mm}$；若仪器已经标明了误差，则用精度作为单次测量的允许误差，用 50 分度游标卡尺测工件长度，$L=(10.00\pm0.02)\ \text{mm}$；对于电学仪器，即用仪表的最大示值误差来表示单次测量的误差，用量程为10 μA、精度为 0.5 级的电流表，单次测量某一电流值为3.10 μA，则$u_i=\Delta I=10\ \mu\text{A}\times0.5\%=0.05\ \mu\text{A}$，测量结果为$I=(3.10\pm0.05)\ \mu\text{A}$。

4.4　多次测量结果描述

4.4.1　结果表示

根据前面测量值接近真值概率的思想，则测量结果应表示为

$$x = (x_{最佳估值} \pm u_C)$$
$$E = \frac{u_C}{x_{最佳估值}} \times 100\% \tag{4-7}$$

多次测量，x_1、x_2、…、x_n，测量的算术平均值可表示为

$$\bar{x} = \frac{1}{n}\sum_{i=1}^{n} x_i \tag{4-8}$$

用算术平均值作为直接测量量的最佳估计值，因此结果可表示为

$$x = (\bar{x} \pm u_C)\ 单位$$
$$E = \frac{u_C}{\bar{x}} \times 100\% \tag{4-9}$$

根据不确定度越小，所述结果与被测量的真值越接近，质量越高，水平越高，其使用价值就越高的思想，可以用相对不确定E来判断不同测量的优劣，当然比较应该在同一置信概率下进行。

【例 3】对于以下几组不同物理量测量数据，试比较下列测量的优劣：

（1）$x_1 = 55.98 \pm 0.03$ mm；　　（2）$x_2 = 0.488 \pm 0.004$ mm；

（3）$x_3 = 0.0098 \pm 0.0012$ mm；　　（4）$x_4 = 1.98 \pm 0.05$ mm。

解：（1）$E = \frac{0.03}{55.98} \times 100\% = 0.054\%$　　（2）$E = \frac{0.004}{0.488} \times 100\% = 0.82\%$

（3）$E = \frac{0.0012}{0.0098} \times 100\% = 12\%$　　（4）$E = \frac{0.05}{1.98} \times 100\% = 2.5\%$

所以优劣次序为：（1）（2）（4）（3）。

4.4.2 测量结果的有效位数确定

实验结果的有效数字由不确定度确定。有效数字的末位与不确定度的末位对齐。如：$\overline{L}=3.6457$ cm，$u=0.07$ cm，则$\overline{L}=(3.6457\pm0.07)$ cm。

如无特殊说明，在实验数据处理中，绝对不确定度取 1 位有效数字，相对不确定度取 2 位有效数字，当绝对不确定度的首位为 1、2 时，可取 2 位。另外，不确定度有效数字的取舍，应遵循“只进不舍”的原则，如$u=0.32$，保留以为小数时其值为$u=0.4$，不需要用“四舍六入五凑偶”的规则去取舍，避免将置信区间缩小。

4.5 多次直接测量数据处理

4.5.1 基本步骤

对一个物理量在多次等权测量后，获得的实验数据，就可以用前面的不确定度等概念进行结果评定，基本步骤如下。

（1）判断测量数据中是否有已定系统误差，并且尽量消除或减小系统误差。

（2）检验数据的合理性，发现含有粗大误差的数据应剔除。

（3）求算术平均值，作为测量结果的最佳值。

（4）计算算术平均值的标准差，作为标准不确定度的 A 类分量。

（5）根据仪器的极限误差和估计误差，计算标准不确定度的 B 类分量。

（6）计算合成不确定度和相对不确定度。

（7）完整表示测量结果，务必明确置信概率。

这里需要强调第（2）步，对于测量次数少的情况，概率理论已不适用，而个别失常测量值对算术平均值影响很大。有一种简单的判断法，即略去可疑观测值后，计算其余各观测值的平均值$\bar{x}$及平均误差δ，然后算出可疑观测值x_i与平均值$\bar{x}$的偏差d。如果$d\geqslant4\delta$，则舍弃此可疑值，因为这种观测值存在的概率大约只有千分之一。

4.5.2 例题分析

【例 4】用米尺测量木条长度，米尺的量程 2 m，最小分度值 1 mm。

（1）单次测量某物体长度为 45.55 mm。请给出其测量结果的表达式。

根据长度l = 测量值 + $\Delta_{仪}$的规则，其中，$\Delta_{仪}=0.5$ mm，测量结果为

$$l = l_{测} \pm \Delta_{仪} = (45.55 \pm 0.5)\ \text{mm} = (45.6 \pm 0.5)\ \text{mm}$$

（2）多次测量，用米尺多次测量木盒的长度，结果分别为 15.49 mm、15.50 cm、15.49 cm、15.50 cm、15.52 cm、15.55 cm。请给出其测量结果的表达式。

解：为判断哪些数据可能存在粗大误差，需要进行以下计算。

平均值$\bar{L}$=15.5083 cm，测量列标准差：$\sigma(x) = s_x = \sqrt{\dfrac{\sum_{i=1}^{n}(x_i - \bar{x})^2}{n-1}} = 0.023\ 166$ cm

测量结果的合理范围为$\bar{L} \pm 3s_x = [15.4388, 15.5788]$ cm。由此可见，6 个数据都是合理的，因此不用剔除数据。

A 类标准不确定度：

$$u_A(l) = \sqrt{\sum_{i=1}^{n}(l_i - \bar{l})^2 / n(n-1)} = \sqrt{\sum_{i=1}^{6}(l_i - \bar{l})^2 / 6\times(6-1)} = 0.009\ 46 \approx 0.01\ \text{(mm)}$$

B 类标准不确定度：

$$u_B = \Delta_{仪} / 3 = 0.5/3 = 0.167(\text{mm})$$

这里没有规定置信概率，我们可以设$P = 95\%$。查表 3–1 和表 4–3，可得$k_A = 2.447$，$k_B = 1.960$。再根据式（4–5），可得

$$u_C(l) = \sqrt{(k_A \cdot u_A(l))^2 + (k_B \cdot u_B(l))^2} = \sqrt{(2.447\times 0.01)^2 + (1.960\times 0.0167)^2}$$
$$= 0.011(\text{mm})\ P = 95\%$$

测量结果：

$$l = \bar{l} \pm u_C(l) = (15.5083 \pm 0.011)\ \text{mm} = (15.508 \pm 0.011)\ \text{mm} \quad (P = 95\%)$$

【例 5】用 0～25mm 的一级千分尺测钢球的直径 D，6 次数据为

D_1=3.121 mm，　D_2=3.128 mm，　D_3=3.125 mm

D_4=3.123 mm，　D_5=3.126 mm，　D_6=3.124 mm

写出完整的实验结果。

解：①求算术平均值：

$$\bar{D}=\frac{1}{6}(D_1+D_2+D_3+D_4+D_5+D_6)=3.1245\ \text{mm}$$

因为每个数据的差值较小，因此这里没有进行粗大误差判断。在实际数据分析中，可以根据数据的差值大小，基本判断是否存在误差，这可以减少初学者的计算工作量。

②求 A 类标准不确定度：

$$u_A=s_{\bar{x}}=\sqrt{\frac{\sum_{i=1}^{n}(x_i-\bar{x})^2}{n(n-1)}}=0.000\ 99\approx 0.001\ \text{mm}$$

③求 B 类标准不确定度分量：

$$\Delta_{仪}=0.004\ \text{mm};\ u_B=\frac{\Delta_{仪}}{3}=\frac{0.004}{3}\approx 0.0013\ \text{mm}$$

④计算合成标准不确定度：

$$u_C=\sqrt{(1.090\ 59\cdot u_A)^2+{u_B}^2}=\sqrt{0.001^2+0.0013^2}\approx 0.001\ \text{mm}$$

其中，1.090 59 是根据表 3–1 查询得到的，即测量 6 次，概率为 68.3% 的置信系数。

⑤完整的测量结果表示：

$$D=(3.124\pm 0.001)\ \text{mm}\quad (P=68.3\%)$$

$$E=\frac{0.001}{3.124}\times 100\%=0.03\%$$

【例 6】用电子秒表（$\Delta_{仪}=0.01$ s）测量单摆摆动 20 个周期的时间t，测量数据如下：

i	1	2	3	4	5	6	7
t/s	20.12	20.19	20.11	20.13	20.14	20.12	20.17

试求周期T及测量不确定度（置信概率 P=95%），并写出测量结果。

解：$\bar{T}=\dfrac{\bar{t}}{20}=\dfrac{1}{20\times 7}(20.12+20.19+\cdots+20.17)=\dfrac{20.140}{20}=1.0070\ \text{s}$。

根据经验，这里没有进行粗大误差判断。

$$u_{\mathrm{A}}(T)=\frac{u_A(t)}{20}=\frac{1}{20}\sqrt{\frac{\Sigma\ (t_i-\bar{t})^2}{(7-1)}}=\frac{1}{20}\sqrt{\frac{(20.12-20.140)^2+\cdots+(20.17-20.140)^2}{7\times 6}}$$
$$=0.00056$$

$$u_{0.95}(T)=\sqrt{(2.36462u_A(T)\ )^2+\left(1.959\ 96\frac{\Delta_{仪}}{3}\right)^2}=0.000\ 16\ \text{s}$$

$$T=1.0070\pm 0.000\ 16\ \text{s}$$

第 5 章　间接测量中的误差传递

5.1　间接测量的不确定

在许多实验和研究中，所得到的结果有时不是用仪器直接测量得到的，而是要把实验现场直接测量值代入一定的理论关系式中，通过计算才能求得所需要的结果，既间接测量值。由于直接测量值总有一定的误差，因此它们必然引起间接测量值也有一定的误差，也就是说直接测量误差不可避免地传递到间接测量值中，进而产生间接测量误差，结果也会有一定的不确定度。

从数学中知道，当间接测量值（y）与直接值测量值（x_1，x_2，…，x_n）有函数关系时，即$y=f(x_1，x_2，\cdots，x_n)$，则其全微分式为：

$$\mathrm{d}y=\frac{\partial y}{\partial x_1}\mathrm{d}x_1+\frac{\partial y}{\partial x_2}\mathrm{d}x_2+\cdots+\frac{\partial y}{\partial x_n}\mathrm{d}x_n \tag{5-1}$$

$$\frac{\mathrm{d}y}{y}=\frac{1}{f(x_1,\ x_2,\ \cdots,\ x_n)}\left[\frac{\partial y}{\partial x_1}\mathrm{d}x_1+\frac{\partial y}{\partial x_2}\mathrm{d}x_2+\cdots+\frac{\partial y}{\partial x_n}\mathrm{d}x_n\right] \tag{5-2}$$

根据式（5–1）和（5–2），可知直接测量值的误差（Δx_1，Δx_2，…，Δx_n）很小，并且考虑到误差累积和取绝对值，即最大绝对误差。这样可求间接测量值的误差Δy和相对误差$\Delta y/y$，其表达式分别为

$$\Delta y=\left|\frac{\partial y}{\partial x_1}\right|\cdot|\Delta x_1|+\left|\frac{\partial y}{\partial x_2}\right|\cdot|\Delta x_2|+\cdots+\left|\frac{\partial y}{\partial x_n}\right|\cdot|\Delta x_n| \tag{5-3}$$

$$E_{\mathrm{r}}=\frac{\Delta y}{y}=\frac{1}{f(x_1,\ x_2,\ \cdots,\ x_n)}\left[\left|\frac{\partial y}{\partial x_1}\right|\cdot|\Delta x_1|+\left|\frac{\partial y}{\partial x_2}\right|\cdot|\Delta x_2|+\cdots+\left|\frac{\partial y}{\partial x_n}\right|\cdot|\Delta x_n|\right] \tag{5-4}$$

这两个式子就是由直接测量误差计算间接测量误差的误差传递公式，注意在计算过程中除误差值外，其余物理量都代入平均值进行计算。

对于不确定的传递，也采用方（和）根的形式进行求解，即标准合成不确定度为

$$u_C(y)=\sqrt{\left(\frac{\partial y}{\partial x_1}\right)^2 u_c^2(x_1)+\left(\frac{\partial y}{\partial x_2}\right)^2 u_c^2(x_2)+\cdots+\left(\frac{\partial y}{\partial x_n}\right)u_c^2(x_n)} \tag{5-5}$$

$$u_r(y)=\frac{\sqrt{(\frac{\partial y}{\partial x_1})^2 u_c^2(x_1)+\left(\frac{\partial y}{\partial x_2}\right)^2 u_c^2(x_2)+\cdots+\left(\frac{\partial y}{\partial x_n}\right)u_c^2(x_n)}}{\overline{y}} \tag{5-6}$$

式中$u_C(x_1)$，$u_C(x_2)$，…，$u_C(x_n)$ 分别是直接测量物理量的 C 类标准不确定度，$u_C(y)$ 为间接测量值y的标准不确定度，$u_r(y)$ 为y的相对不确定度。

（5–5）和（5–6）式可根据数学变换进行改写，对函数关系$y=f(x_1, x_2, \cdots, x_n)$两边取对数，可得

$$\ln y=f(x_1,\ x_2,\ \cdots,\ x_n)$$

然后两边分别求全微分，可得

$$\frac{\mathrm{d}y}{y}=\frac{\partial \ln f}{\partial x_1}\mathrm{d}x_1+\frac{\partial \ln f}{\partial x_2}\mathrm{d}x_2+\cdots+\frac{\partial \ln f}{\partial x_n}\mathrm{d}x_n$$

$$\mathrm{d}y=y\cdot\left(\frac{\partial \ln f}{\partial x_1}\mathrm{d}x_1+\frac{\partial \ln f}{\partial x_2}\mathrm{d}x_2+\cdots\cdots+\frac{\partial \ln f}{\partial x_n}\mathrm{d}x_n\right)$$

因此，间接测量值的误差Δy和相对误差$\Delta y/y$可表述为

$$\Delta y=\overline{y}\cdot\left(\left|\frac{\partial \ln f}{\partial x_1}\right||\Delta x_1|+\left|\frac{\partial \ln f}{\partial x_2}\right||\Delta x_2|+\cdots+\left|\frac{\partial \ln f}{\partial x_n}\right||\Delta x_n|\right) \tag{5-7}$$

$$\frac{\Delta y}{\overline{y}}=\left|\frac{\partial \ln f}{\partial x_1}\right||\Delta x_1|+\left|\frac{\partial \ln f}{\partial x_2}\right||\Delta x_2|+\cdots+\left|\frac{\partial \ln f}{\partial x_n}\right||\Delta x_n| \tag{5-8}$$

同样根据微分到不确定度计算的原理，（5–7）和（5–8）式可改写为

$$u_{\mathrm{C}}(y)=\bar{y}\cdot\sqrt{\left[\frac{\partial\ln f}{\partial x_1}u_{C}(x_1)\right]^2+\left[\frac{\partial\ln f}{\partial x_2}u_{C}(x_2)\right]^2+\cdots+\left[\frac{\partial\ln f}{\partial x_n}u_{C}(x_n)\right]^2}\tag{5-9}$$

$$u_{\mathrm{r}}(y)=\sqrt{\left[\frac{\partial\ln f}{\partial x_1}u_{\mathrm{C}}(x_1)\right]^2+\left[\frac{\partial\ln f}{\partial x_2}u_{\mathrm{C}}(x_2)\right]^2+\cdots+\left[\frac{\partial\ln f}{\partial x_n}u_{C}(x_n)\right]^2}\tag{5-10}$$

这里也需要强调，在间接测量中，涉及的所有物理量不确定度所对应的置信概率应该一致，否则将失去传递的意义。因此，（5–9）和（5–10）可改写为

$$u_{\mathrm{C-P}}(y)=\sqrt{\left[k_{x_1}\cdot\frac{\partial y}{\partial x_1}\cdot u_{\mathrm{C}}(x_1)\right]^2+\left[k_{x_2}\cdot\frac{\partial y}{\partial x_2}\cdot u_{\mathrm{C}}(x_2)\right]^2+\cdots+\left[k_{x_n}\cdot\frac{\partial y}{\partial x_n}\cdot u_{\mathrm{C}}(x_n)\right]^2}\tag{5-11}$$

$$u_{\mathrm{C-P}}(y)=\bar{y}\cdot\sqrt{\left[k_{x_1}\cdot\frac{\partial\ln f}{\partial x_1}\cdot u_{\mathrm{C}}(x_1)\right]^2+\left[k_{x_2}\cdot\frac{\partial\ln f}{\partial x_2}\cdot u_{\mathrm{C}}(x_2)\right]^2+\cdots+\left[k_{x_n}\cdot\frac{\partial\ln f}{\partial x_n}\cdot u_{\mathrm{C}}(x_n)\right]^2}\tag{5-12}$$

式中：k_{x_1}，k_{x_2}，…，k_{x_n}分别为对应物理量在概率为 P 情况下合成不确定对应的概率系数。在计算中务必保证每个物理量的 A、B、C 不确度对应的概率系数一致。另外，由于一般物理函数关系较为复杂，取对数后其表达式更为简单，因此建议用对数的形式计算间接测量的不确定度。常见函数的误差传递公式如表 5–1 所示。

这里需要强调无论是 A 类、B 类，还是 C 类不确定度的合成都是可以按照公式（5–5）和（5–9）进行计算的。如用天平测量某一物体质量时，天平主尺的最小分度值$\varDelta_{天}=0.0001$ g，所用砝码的最大误差$\varDelta_{砝}(m)=0.002$ g，根据关系式$m=m_{天}+m_{砝}$，则有：

$$u_{天}=k_p\frac{\Delta_{天}}{C}=\frac{1.00\times0.0001}{3}=0.000\ 03\ \mathrm{g};\quad u_{砝}(m)=k_p\frac{\varDelta_{砝}(m)}{C}=\frac{1.00\times0.002}{3}=0.0007\ \mathrm{g}$$

$$\begin{aligned}u_B(m)&=\sqrt{\left[\frac{\partial m}{\partial m_{天}}u_{天}\right]^2+\left[\frac{\partial m}{\partial m_{砝}}u_{砝}\right]^2}=\sqrt{\left(\frac{\varDelta_{天}}{3}\right)^2+\left(\frac{\varDelta_{砝}}{3}\right)^2}\\&=\sqrt{0.000\ 03^2+0.0007^2}=0.0007\ \mathrm{g}\end{aligned}$$

若此问题使用了游码，则还应考虑游码的影响。

表 5-1　函数式的误差关系表

函数	误差传递公式		
	最大绝对误差	最大相对误差	不确定度（对数法）
$y=cx$	$\Delta y=\Delta(cx)=\pm\lvert c\cdot\Delta x\rvert$	$E_r(y)=\pm\left\lvert\frac{\Delta x}{x}\right\rvert$	$u_C(y)=cu_C(x)$
$y=a_1x_1+a_2x_2+\cdots+a_nx_n$	$\Delta y=\pm(\lvert a_1\Delta x_1\rvert+\lvert a_2\Delta x_2\rvert+\cdots+\lvert a_n\Delta x_n\rvert)$	$E_r(y)=\frac{\Delta y}{y}$	$u_C(y)=\sqrt{[a_1u_C(x_1)]^2+[a_2u_C(x_2)]^2+\cdots+[a_nu_C(x_n)]^2}$
$y=x_1\cdot x_2$	$\Delta y=\pm(\lvert x_1\cdot\Delta x_2\rvert+\lvert x_2\cdot\Delta x_1\rvert)$	$E_r(y)=\pm\left(\left\lvert\frac{\Delta x_1}{x_1}\right\rvert+\left\lvert\frac{\Delta x_2}{x_2}\right\rvert\right)$	$u_C(y)=\bar{y}\cdot\sqrt{\left[\frac{u_C(x_1)}{x_1}\right]^2+\left[\frac{u_C(x_2)}{x_2}\right]^2}$
$y=x^n$	$\Delta y=\pm(\lvert nx^{n-1}\cdot\Delta x\rvert)$	$E_r(y)=\pm\left(n\left\lvert\frac{\Delta x}{x}\right\rvert\right)$	$u_C(y)=\bar{y}\cdot\sqrt{\left[\frac{nu_C(x)}{x}\right]^2}$
$y=\sqrt[n]{x}$	$\Delta y=\pm\left(\left\lvert\frac{1}{n}x^{\frac{1}{n}-1}\cdot\Delta x\right\rvert\right)$	$E_r(y)=\frac{\Delta y}{y}=\pm\left(\left\lvert\frac{1}{n}\frac{\Delta x}{x}\right\rvert\right)$	$u_C(y)=\bar{y}\cdot\sqrt{\left[\frac{u_C(x)}{nx}\right]^2}$
$y=\frac{x_1}{x_2}$	$\Delta y=\pm\left(\left\lvert\frac{1}{x_2}\right\rvert\lvert\Delta x_1\rvert+\left\lvert\frac{x_1}{x_2^2}\right\rvert\lvert\Delta x_2\rvert\right)$	$E_r(y)=\pm\left(\left\lvert\frac{\Delta x_1}{x_1}\right\rvert+\left\lvert\frac{\Delta x_2}{x_2}\right\rvert\right)$	$u_C(y)=\bar{y}\cdot\sqrt{\left[\frac{u_C(x_1)}{x_1}\right]^2+\left[\frac{u_C(x_2)}{x_2}\right]^2}$
$y=\frac{x_1x_2}{x_1+x_2}$	$\Delta y=\pm\lvert\bar{y}\rvert\left[\left\lvert\left(\frac{1}{x_1}-\frac{1}{x_1+x_2}\right)\right\rvert\lvert\Delta x_1\rvert+\left\lvert\left(\frac{1}{x_2}-\frac{1}{x_1+x_2}\right)\right\rvert\lvert\Delta x_2\rvert\right]$	$\Delta y=\pm\left[\left\lvert\left(\frac{1}{x_1}-\frac{1}{x_1+x_2}\right)\right\rvert\lvert\Delta x_1\rvert+\left\lvert\left(\frac{1}{x_2}-\frac{1}{x_1+x_2}\right)\right\rvert\lvert\Delta x_2\rvert\right]$	$u_C(y)=\bar{y}\sqrt{\left[\frac{x_2}{x_1(x_1+x_2)}\right]^2u_C^2(x_1)+\left[\frac{x_1}{x_2(x_1+x_2)}\right]^2u_C^2(x_2)}$

5.2 微小误差取舍准则

5.2.1 微小误差

在测量过程中包含许多误差，这些误差会传递到最终结果中，进而影响结果的可信度，即对测量结果的不确定度产生影响。但测量中不同的误差对结果的影响是不同的，有一些误差小到一定程度后，对结果的影响可以忽略不计，这种误差称为微小误差。

若已知测量结果的总不确定度为

$$e=\sqrt{e_1^2+e_2^2+\cdots+e_{k-1}^2+e_k^2+e_{k+1}^2+\cdots+e_n^2}$$

将其中的某项分量e_k取出后，剩余的量为

$$e'=\sqrt{e_1^2+e_2^2+\cdots+e_{k-1}^2+e_{k+1}^2+\cdots+e_n^2}$$

若有$e\approx e'$，则称e_k为微小误差，在计算测量结果总不确定度时可以舍去。

5.2.2 微小误差取舍规则

根据有效数字的运算规则，对一般精度的测量，测量结果的不确定度保留一位有效数字。在此情况下，若某项不确定度舍去后，满足

$$e-e'\leqslant(0.05\sim0.1)\ e$$

则对测量结果的不确定度计算没有影响。

将e和e'的表达式代入上式中，可得

$$e_k\leqslant(0.3\sim0.4)\ e$$

满足此条件只需取

$$e_k\leqslant\frac{1}{3}e$$

对精度的测量，测量结果的不确定度保留两位有效数字。同理可得

$$e_k\leqslant(0.01\sim0.14)\ e$$

满足此条件只需取

$$e_k \leqslant \frac{1}{10} e$$

因此，对于不确定度而言，微小误差的取舍规则是：在不确定度合成时，当部分值比其他值小，且这样的项数不多的情况下，对一般精度测量（不确定度只保留一位有效数字），被舍去项的绝对值必须小于各项绝对值总和的 1/3，或者某一项带权重不确定度平方小于所有不确定度平方和的 1/9，即贡献度小于 10% 的可以忽略；对一般精度测量（不确定度只保留两位有效数字），被舍去项的绝对值必须小于各项绝对值总和的 1/10，即贡献度小于 1% 的可以忽略。

【例 1】在计算直接测量量的合成不确定度时，如果某一平方项小于另一平方项的 1/9，则该项可以略去不计，这称为（A）。

A. 微小误差准则　　　　B. 误差不超过 10% 准则

C. 误差等量分配准则　　D. 随机误差准则

【例 2】已知$z = a + b - 3c$，其中，$a = \bar{a} \pm \Delta a$，$b = \bar{b} \pm \Delta b$，$c = \bar{c} \pm \Delta c$，求z的平均值、误差传递、不确定度公式。

解：平均值和误差传递与不确定传递公式：

$$\bar{z} = \bar{a} + \bar{b} - 3\bar{c}$$

$$\Delta z = \left|\frac{\partial z}{\partial a}\right| \Delta a + \left|\frac{\partial z}{\partial b}\right| \Delta b + \left|\frac{\partial z}{\partial c}\right| \Delta c = \Delta a + \Delta b + 3\Delta c$$

$$u_C(z) = \sqrt{u_C^2(a) + u_C^2(b) + 9u_C^2(c)}$$

【例 3】已知$\rho = \frac{4m}{\pi d^2 h}$，其中，$m = \bar{m} \pm u_C(m)$，$d = \bar{d} \pm u_C(d)$，$h = \bar{h} \pm u_C(h)$，用对数的方法求$\rho$不确定度传递公式。

解：

$$\ln \rho = \ln \frac{4}{\pi} + \ln m - 2\ln d - \ln h$$

$$\frac{\partial \ln \rho}{\partial m} = \frac{1}{m}，\quad \frac{\partial \ln \rho}{\partial d} = -\frac{2}{d}，\quad \frac{\partial \ln \rho}{\partial h} = -\frac{1}{h}$$

$$u_C(\rho)=\bar{\rho}\cdot\sqrt{\left(\frac{\partial\ln\rho}{\partial m}u_C(m)\right)^2+\left(\frac{\partial\ln\rho}{\partial d}u_C(d)\right)^2+\left(\frac{\partial\ln\rho}{\partial h}u_C(h)\right)^2}$$

$$=\bar{\rho}\cdot\sqrt{\left[\frac{u_C(m)}{\bar{m}}\right]^2+\left(\frac{2}{\bar{d}}u_C(d)\right)^2+\left(\frac{u_C(h)}{\bar{h}}\right)^2}$$

【例 4】已知某圆柱体的质量$m=236.12\pm0.05$ g，直径$d=2.345\pm0.005$ cm，高$h=8.21\pm0.01$ cm。求圆柱体的密度及不确定度，并分析直接测量值m、d和h的不确定度对间接测量值ρ的影响程度的大小。

解：

$$\bar{\rho}=\frac{4\bar{m}}{\pi\bar{d}^2\bar{h}}=\frac{4\times236.12}{\pi\times2.345^2\times8.21}=6.66\ \text{g/cm}^3$$

$$u_C(\rho)=\bar{\rho}\cdot\sqrt{\left(\frac{u_C(m)}{\bar{m}}\right)^2+\left(\frac{2u_C(d)}{\bar{d}}\right)^2+\left(\frac{u_C(h)}{\bar{h}}\right)^2}$$

$$=6.66\times\sqrt{4.5\times10^{-8}+1.8\times10^{-5}+3.7\times10^{-5}}$$

$$=0.05\text{g/cm}^3$$

$$\rho=6.66\pm0.05\ \text{g/cm}^3$$

由$u_C(\rho)$的计算可知，h的不确定度对ρ的测量结果影响最大，m的影响最小。

5.3 等权间接测量案例分析

【例 5】用螺旋测微器（外径用千分尺）测量小铁球的直径D，并计算其体积最小分度值$\varDelta_{仪}=0.01$ mm，其计算公式如下为$V=\frac{4}{3}\pi r^3=\frac{\pi}{6}D^3$，测量数据如表 5-2 所示。

表 5-2　小铁球的直径 D

序号	1	2	3	4	5	6	平均值
D/mm	4.996	5.004	4.996	5.000	5.012	4.995	5.0005

解：(1) 钢珠直径平均值：$\bar{D}=5.0005$ mm。

因数据比较集中，根据经验，测量数据是合理的，不存在粗大误差。

（2）直径 A 类标准不确定度：

$$u_A(D)=\sqrt{\sum_{i=1}^{n}(D_i-\overline{D})^2/n(n-1)}=\sqrt{\sum_{i=1}^{6}(H_i-\overline{H})^2/6\times(6-1)}=0.03(\text{mm})$$

（3）直径的 B 类标准不确定度：

$$u_B=\varDelta_{仪}/\sqrt{3}=0.01/\sqrt{3}=0.006(\text{mm})$$

（4）直径的 C 类不确定度：

这里没有规定置信概率，我们可以设$P=90\%$。查表 3–1 和表 4–2，可知$k_A=1.943$，$k_B=1.650$。因此，在$P=90\%$时，直径的 C 类不确定度为

$$u_C(D)=\sqrt{(k_A\cdot u_A(D))^2+(k_B\cdot u_B)^2}=\sqrt{(1.943\times0.03)^2+(1.650\times0.006)^2}$$
$$=0.0015(\text{mm})\quad(P=90\%)$$

（5）体积的平均值：$\bar{V}=\dfrac{4}{3}\pi\bar{r}^3=\dfrac{\pi}{6}\bar{D}^3=\dfrac{3.142}{6}\times5.000^3=2.618(\text{mm}^3)$

（6）体积的不确定度：因为$\dfrac{\partial V}{\partial D}=\dfrac{\pi}{2}D^2$，所以有

$$u(V)=\sqrt{\left(\frac{\partial V}{\partial D}\cdot u_C(\overline{D})\right)^2}=\sqrt{\left(\frac{\pi}{2}\overline{D}^2\cdot u_C(D)\right)^2}=\frac{\pi}{2}\sqrt{\left(\overline{D}^2\cdot u_C(D)\right)^2}=\frac{\pi}{2}\times\sqrt{(5^2\times0.0015)^2}$$
$$=0.0589(\text{mm}^3)$$

（7）测量结果：

$$V=\bar{V}\pm u(V)=(2.618\pm0.0589)=(2.618\pm0.059)\ \text{mm}^3\ (P=90\%)$$

【例 6】用流体静力称衡法测固体密度，其公式为$\rho=\dfrac{m}{m-m_1}\rho_0$，测量数据如表 5–3 所示。求铝的密度。

表 5–3　m/g、m_1/g、ρ_0/（g/cm^3）测量数据

No.	1	2	3	4	5	6
m/g	52.9553	52.9559	52.9561	52.9550	52.9555	52.9550
m_1/g	33.5552	33.5593	33.5503	33.5548	33.5591	33.5532
ρ_0/（g/cm^3）	0.999 126	0.999 049	0.998 969	0.999090	0.999 126	0.999 869

已知实验测量中，各直接测量物理量的 B 类不确定度看具体参数如下：

TG–328B 型光电分析天平（3 级）的相对精度 5×10^{-7}，最小分度值 $\Delta_{天}$= 0.0001 g。取 C=3，$P=0.683$，k_P=1.00。

1 g 砝码（3 级）的最大允差 $\Delta_{max}=\pm0.4$ mg，质量测量中的最大允差 $\Delta_{砝}$：

$$m \sim 52.9554\ \mathrm{g},\ \Delta_{砝}(m)=0.002\ \mathrm{g}$$

$$m_1 \sim 33.5552\ \mathrm{g},\ \Delta_{砝}(m_1)=0.0015\ \mathrm{g}$$

ρ_0测量仪器的最大允差$\Delta_{\rho_0}\leqslant 0.00003\ \mathrm{g\cdot cm^3}$

解：取 $P=0.683$，查表 3–1 可知测量 6 次所对应的置信系数 $k_p=k_{0.683}=1.11$。

各个直接测量物理量的均值、标准差、A 类不确定度分别如下，

由表中数据可计算出三个物理量的平均值：

$$\bar{m}=52.9554\ \mathrm{g}\quad \bar{m}_1=33.5552\ \mathrm{g}\quad \bar{\rho}_0=0.999\ 054\ \mathrm{g/cm^3}$$

（1）再根据标准偏差和 A 类不确定的公式，可计算出三个物理量的不确定度：

$$s_m=\sqrt{\frac{\sum_{i=1}^{6}(m_i-\bar{m})^2}{n-1}}=0.0004\ \mathrm{g},\ u_A(m)=t_{0.683}\frac{S_m}{\sqrt{6}}=0.0002\ \mathrm{g}$$

$$s_{m_1}=\sqrt{\frac{\sum_{i=1}^{6}(m_{1i}-\bar{m}_1)^2}{n-1}}=0.0004\ \mathrm{g},\ u_A(m_1)=t_{0.683}\frac{S_{m_1}}{\sqrt{6}}=0.0002\ \mathrm{g}$$

$$s_{\rho_0}=\sqrt{\frac{\sum_{i=1}^{6}(\rho_{0i}-\bar{\rho}_0)^2}{n-1}}=0.000\ 07\ \mathrm{g/cm^3},\ u_A(\rho_0)=t_{0.683}\frac{S_{\rho_0}}{\sqrt{6}}=0.000\ 03\ \mathrm{g/cm^3}$$

（2）与 P=0.683 对应的各仪器的 B 类不确定度为

$$u_{天}=k_p\frac{\Delta_{天}}{C}=\frac{1.00\times0.0001}{3}=0.000\ 03\ \mathrm{g}$$

$$u_{砝}(m)=k_p\frac{\Delta_{砝}(m)}{C}=\frac{1.00\times0.002}{3}=0.0007\ \mathrm{g}$$

$$u_{砝}(m_1)=k_p\frac{\Delta_{砝}(m_1)}{C}=\frac{1.00\times0.0015}{3}=0.0005\ \mathrm{g}$$

（3）各物理量的 B 类不确定度：

$$u_{B}(m)=\sqrt{u_{天}^{2}(m)+u_{砝}^{2}(m)}=\sqrt{0.000\ 03^{2}+0.0007^{2}}=0.0007\ \mathrm{g}$$
$$u_{B}(m_{1})=\sqrt{u_{天}^{2}(m_{1})+u_{砝}^{2}(m_{1})}=\sqrt{0.000\ 03^{2}+0.0005^{2}}=0.0005\ \mathrm{g}$$
$$u_{B}(\rho_{0})=k_{p}\frac{\Delta_{\rho_{0}}}{C}=\frac{1.00\times 0.000\ 03}{3}=0.000\ 01\ \mathrm{g\cdot cm^{-3}}$$

注意由于$m=m_{(天)}+m_{(砝)}$，按照误差传递公式，其合成后的不确定度为$u_{B}(m)=\sqrt{u_{天}^{2}(m)+u_{砝}^{2}(m)}$，即天平和砝码不确定度的权重系数都是 1。

（4）各个直接测量的不确定度：

$$U_{0.683}(m)=\sqrt{u_{A}^{2}(m)+u_{B}^{2}(m)}=\sqrt{0.0002^{2}+0.0007^{2}}=0.0007\ \mathrm{g}$$
$$U_{0.683}(m_{1})=\sqrt{u_{A}^{2}(m_{1})+u_{B}^{2}(m_{1})}=\sqrt{0.002^{2}+0.0005^{2}}=0.002\ \mathrm{g}$$
$$U_{0.683}(\rho_{0})=\sqrt{u_{A}^{2}(\rho_{0})+u_{B}^{2}(\rho_{0})}=\sqrt{0.000\ 03^{2}+0.00001^{2}}=0.000\ 03\ \mathrm{g\cdot cm^{-3}}$$

（5）各直接量的结果：

$$m=(52.9954\pm 0.0007)\mathrm{g}$$
$$m_{1}=(33.555\pm 0.002)\mathrm{g}$$
$$\rho_{0}=(0.999\ 05\pm 0.000\ 03)\mathrm{g/cm^{3}}$$

（6）固体密度的算术平均值：

$$\bar{\rho}=\frac{\bar{m}}{\bar{m}-\bar{m}_{1}}\rho_{0}=\frac{52.9954\times 0.999\ 05}{52.9954-33.555}=2.727\ 05\ \mathrm{g/cm^{3}}$$

（7）固体密度的不确定度：

$$\ln\rho=\ln m-\ln(m-m_{1})+\ln\rho_{0}$$

$$\therefore\quad \frac{\partial\ln\rho}{\partial m}=\frac{1}{m}-\frac{1}{m-m_{1}}=-\frac{m_{1}}{m_{1}(m-m_{1})},\quad \frac{\partial\ln\rho}{\partial m_{1}}=\frac{1}{m-m_{1}},\quad \frac{\partial\ln\rho}{\partial\rho_{0}}=\frac{1}{\rho_{0}}$$

$$\therefore\quad U(\rho)=\bar{\rho}\cdot\sqrt{\frac{m_{1}^{2}}{m^{2}(m-m_{1})^{2}}U^{2}(m)+\frac{U^{2}(m_{1})}{(m-m_{1})^{2}}+\frac{U^{2}(\rho_{0})}{\rho_{0}^{2}}}=2.7271\times 0.0001$$
$$=0.0003\ \ \mathrm{g/cm^{3}}$$

（8）固体密度的测量结果：

$$\rho=(2.7271\pm0.0003)\ \mathrm{g/cm^3}$$

【例 7】要测定层流状态下，公称内径为 6 mm 的管道的摩擦系数 λ（参见流体阻力实验），希望在 R_e =200 时，λ 的精确度不低于 4.5%，问实验装置设计是否合理？并选用合适的测量方法和测量仪器。

解：λ 的函数形式是 $\lambda=\dfrac{2g\pi^2}{16}\cdot\dfrac{d^5(R_1-R_2)}{lV_\mathrm{S}^2}$，这里将 $\dfrac{2g\pi^2}{16}$ 看成常量，计算过程中可不予计算，只需在最后结果中加上即可。式中：R_1 和 R_2 是被测量段前后液注读数值（$\mathrm{mH_2O}$），V_S 是流量（$\mathrm{m^3/s}$），l 是被测量段长度（m）。

相对标准误差：$E_\mathrm{r}(\lambda)=\dfrac{\Delta\lambda}{\lambda}=\pm\sqrt{\left[5\left(\dfrac{\Delta d}{d}\right)\right]^2+\left[2\left(\dfrac{\Delta V_\mathrm{S}}{V_\mathrm{S}}\right)\right]^2+\left(\dfrac{\Delta l}{l}\right)^2+\left(\dfrac{\Delta R_1+\Delta R_2}{R_1-R_2}\right)^2}$

要求 $E_\mathrm{r}(\lambda)<4.5\%$，假如 $\dfrac{\Delta l}{l}$ 所引起的误差远小于 $E_r(\lambda)$，故可以略去不考虑。剩下三项分误差，可按等效法进行分配，每项分误差和总误差的关系：

$$E_\mathrm{r}(\lambda)=\sqrt{3w_i^2}=4.5\%$$

每项分误差：

$$w_i=\frac{4.5}{\sqrt{3}}\%=2.6\%$$

（1）流量项的分误差估计

首先确定 V_s 值：

$$V_S=Re\frac{d\mu\pi}{4\rho}=2000\times\frac{0.006\times10^{-3}\times\pi}{4\times1000}=9.4\times10^{-6}(\mathrm{m^3/s})=9.4(\mathrm{mL/s})$$

假如这么小的流量可以采用 500 mL 的量筒测其流量，量筒系统误差很小，可以忽略，读数误差为 ±5 mL，计时用的秒表系统误差也可忽略。假如测量时采用秒表进行计时，若开停秒表的随机误差估计为 ±0.1 s，当 Re=200 时，每次测量水量约为 450 mL，需时间 48 s 左右。若量筒和秒表引起的相对误差权重系数是相同的，则流量测量最大误差为

$$\frac{\Delta V_S}{V_S}=\sqrt{\left(\frac{\Delta V}{V}\right)^2+\left(\frac{\Delta\tau}{\tau}\right)^2}=\sqrt{\left(\frac{5}{450}\right)^2+\left(\frac{0.1}{48}\right)^2}=0.011$$

式中：具体数字说明$\frac{\Delta V}{V}$误差较大，$\frac{\Delta\tau}{\tau}$可以忽略。因此流量项的分误差：

$$w_1=2\frac{\Delta V_S}{V_S}=2\times0.011\times100\%=2.2\%$$

没有超过每项分误差范围。

（2）d 的相对误差：要求$5\frac{\Delta d}{d}\leqslant m$则$\frac{\Delta d}{d}\leqslant\frac{m}{5}$，$\frac{\Delta d}{d}\leqslant\frac{2.6\%}{5}=0.52\%$若$V=\frac{\pi}{4}d^2h$，则有

$$d=\sqrt{\frac{V}{h}\times\frac{4}{\pi}}$$

已知管高为 400 mm，绝对误差 ±0.5 mm。

为保险起见，仍采用合成法计算d的相对误差。

$$\frac{\Delta d}{d}=\frac{1}{2}\sqrt{\left(\frac{\Delta V}{V}\right)^2+\left(\frac{\Delta h}{h}\right)^2}$$

$\frac{\Delta V}{V}$的相对误差为 1.11%，代入具体数值：

$$m_2=5\frac{\Delta d}{d}=\frac{5}{2}\left(\frac{\Delta V}{V}+\frac{\Delta h}{h}\times100\%\right)=\frac{5}{2}\left(0.11+\frac{0.5}{400}\times100\%\right)=0.8\%$$

也没有超过每项分误差范围。

（3）压差的相对误差。单管式压差计用分度为 1 mm 的尺子测量，系统误差可以忽略，读数随机绝对误差ΔR为 ±0.5 mm。

$$\frac{\Delta R_1+\Delta R_2}{R_1-R_2}=\frac{2\Delta R_1}{R_1-R_2}=\frac{2\times0.5}{R_1-R_2}$$

压差测量值R_1-R_2与两测压点间的距离l成正比：

$$R_1-R_2=\frac{64}{Re}\cdot\frac{l}{d}\cdot\frac{u^2}{2g}=\frac{64}{2000}\cdot\frac{l}{0.006}\cdot\frac{\left(\frac{9.4\times10^{-6}}{0.785\times0.006^2}\right)^2}{2g}=0.031$$

式中：u为平均流速（m/s）。

由上式可算出l的变化对压差相对误差的影响，如表 5–4 所示。

表 5–4　l的变化对压差相对误差的影响

l/mm	R_1-R_2	$\dfrac{2\Delta R_1}{R_1-R_2}\times100\%$
500	15	6.7
1000	30	3.3
1500	45	2.2
2000	60	1.6

由表中可见，选用$l\geqslant1500$ mm可满足要求，若实验采用$l=1500$ mm其相对误差为

$$m_3=\frac{\Delta R_1+\Delta R_2}{R_1-R_2}=\frac{2\Delta R_1}{R_1-R_2}=\frac{2\times0.5}{0.03\times1500}\times100\%=2.2\%$$

总误差：

$$E_r(\lambda)=\frac{\Delta\lambda}{\lambda}=\pm\sqrt{m_1^{\ 2}+m_2^{\ 2}+m_3^{\ 2}}=\pm\sqrt{(2.2)^2+(0.8)^2+(2.2)^2}=\pm3.2\%$$

通过以上误差分析可知：

①为实验装置中两测点间的距离l的选定提供了依据；

②直径d的误差，因传递系数较大（等于 5），对总误差影响较大，但所选测量d的方案合理，这项测量精确度高，对总误差影响反而下降了；

③现有的测量V_S误差过大，其误差主要来自体积测量，若改用精确度更高一级的量筒，则可以提高实验结果的精确度。

【例 8】测边长$a\approx10$ mm的立方体体积为 V，要求$E_V\leqslant0.6\%$，问用下列哪种游标卡尺最恰当？

（1）10 分度；（2）20 分度；（3）50 分度。

解：因为$V=a^3$，则有$E_V=\sqrt{\left[\dfrac{\partial\ln V}{\partial a}\cdot u_C(a)\right]^2}=\dfrac{3}{a}u_C(a)$。由于要求$E_V\leqslant0.6\%$，则有$\dfrac{3}{a}u_C(a)=\dfrac{3}{10}u_C(a)\leqslant0.6\%$，所以$u_C(a)\leqslant0.02$mm。

对于游标卡尺而言，有$u_C(a)=\frac{\Delta_{仪}}{\sqrt{3}}$（注：由于此处考虑仪器的选择，所以不考虑 A 类不确定度，即$u_C(a)=u_B(a)$，则$\Delta_{仪}=\sqrt{3}u_C(a)\leqslant\sqrt{3}\times 0.02=0.034$ mm。

上述三种游标卡尺的$\Delta_{仪}$分别为 0.1 mm，0.05 mm，0.02 mm。因此满足条件的是 50 分度的游标卡尺。

5.4　非等权测量的误差传递

非等权测量中，由于各种方法或者条件的差异，导致各测量数组的结果不同。对好的测量结果应给予较大的信任程度，差的次之。这就是对不同精度测量数组进行数据处理的基本思想。

当以数值来表示对测量值的信任程度时，就引进了“权”的概念。也就是说，对非等精度的不同测量数据组$\bar{x}_1$，$\bar{x}_2$，…，$\bar{x}_i$，…，$\bar{x}_n$（对应的测量不确定度为u_1，u_2，…，u_i，…，u_n），组成一组新的数列，然后求平均值，它们在平均值中所占的比重不同，测量不确定度小的信任程度高，故占有较大的比重。因此，可以定义：在不考虑系统误差的数据处理中，权与方差成反比，若以ω_i表示第i个测量值的权重，则有

$$\omega_i=\frac{1}{u_i^2} \tag{5-13}$$

定义了权重的概念后，我们就可以用广义算术平均值（或称为加权平均值）作为一组非精度测量的最佳估值，即

$$\bar{x}=\sum_1^n\omega_i x_i\Big/\sum_1^n\omega_i=\left(\sum_1^n x_i/u_i^2\right)\Big/\left(\sum_1^n\frac{1}{u_i^2}\right) \tag{5-14}$$

加权平均方差的计算为

$$s_{\bar{x}}=\sum_1^n\left[\omega_i(x_i-\bar{x})^2\right]\Big/\left[(n-1)\sum_1^n\omega_i\right] \tag{5-15}$$

相应的标准不确定度为

$$u_{\bar{x}}=\sqrt{\sum_1^n\left[\omega_i(x_i-\bar{x})^2\right]\Big/\left[(n-1)\sum_1^n\omega_i\right]} \tag{5-16}$$

于是，一组非等精度测量数组的结果可表示为

$$x = \bar{x} \pm u_{\bar{x}}$$

【例 9】以不同方法测量某地区的重力加速度，结果表示如下：

$$g = 981.4 \pm 1.7(\mathrm{m/s^2}) \qquad g = 978.3 \pm 2.0(\mathrm{m/s^2})$$
$$g = 980.4 \pm 0.6(\mathrm{m/s^2}) \qquad g = 979.5 \pm 1.5(\mathrm{m/s^2})$$

试求该地区重力加速度的结果表达式。

解：

$$\bar{g} = \sum_1^4 \frac{g_i}{u_i^2} \Big/ \sum_1^4 \frac{1}{u_i^2} = 980.25(\mathrm{m/s^2})$$

$$u_{\bar{g}} = \sqrt{\left[\sum_1^4 \frac{(g_i - \bar{g})^2}{u_i^2}\right] \Big/ \left[3\sum_1^4 \frac{1}{u_i^2}\right]} = 0.39(\mathrm{m/s^2})$$

所以可得$g = 980.25 \pm 0.39(\mathrm{m/s^2})$。

【例 10】用两种方法测量某电压，第一种方法测量了 6 次，平均值为$\bar{V}_1 = 10.3\ \mathrm{V}$，标准差为$s_{V_1} = 0.1\ \mathrm{V}$，第二种方法测量了 8 次，平均值为$\bar{V}_2 = 10.1\ \mathrm{V}$，标准差为$s_{V_2} = 0.2\ \mathrm{V}$。求电压估计值的标准差。

解：(1) 两次测量值的权重分别为$\omega_1 = \frac{1}{s_{V_1}^2} = \frac{1}{0.02^2}$，$\omega_2 = \frac{1}{s_{V_2}^2} = \frac{1}{0.01^2}$。

(2) 电压的平均值：$\bar{V} = \dfrac{w_1 V_1 + w_2 V_2}{w_1 + w_2} = \dfrac{\frac{1}{0.02^2} \times 10.3 + \frac{1}{0.01^2} \times 10.1}{\frac{1}{0.02^2} + \frac{1}{0.01^2}} = 10.14V$。

(3) 加权不确定度计算：

$$u_{\bar{x}} = \sqrt{\sum_1^n \left[\omega_i (x_i - \bar{x})^2\right] \Big/ \left[(n-1)\sum_1^n \omega_i\right]}$$
$$= \sqrt{\frac{\frac{1}{0.02^2}(10.3 - 10.2)^2 + \frac{1}{0.01^2}(10.1 - 10.2)^2}{\frac{1}{0.02^2} + \frac{1}{0.01^2}}}$$
$$= 0.1\mathrm{V}$$

第 6 章　有效数字及运算规则

6.1　有效数字的基本概念

任何测量结果都存在不确定度，测量值的位数不能任意取舍，要由不确定度来决定，即测量值的末位数要与不确定度的末位数对齐。如体积的测量值 $\bar{V} = 5.961\ \text{cm}^3$，其不确定度 $u_V = 0.04\ \text{cm}^3$，由不确定度的定义及 u_V 的数值可知，测量值在小数点后的百分位上已经出现误差，因此 $\bar{V} = 5.961$ 中的“6”已是有误差的欠准确数，其后面一位“1”已无保留的意义，所以测量结果应写为 $V = 5.96 \pm 0.04\ \text{cm}^3$。另外，数据计算都有一定的近似性，计算时既不能超过原有测量准确度而取位过多，也不能降低原测量准确度，即计算的准确度和测量的准确度要相匹配。所以在数据记录、计算以及书写测量结果时，必须按有效数字及其运算法则来处理。

测量值一般只保留一位欠准确数，其余均为准确数。所谓有效数字是由所有准确数字和一位欠准确数字构成的，这些数字的总位数称为有效位数。中间的 0 和末尾的 0 都是有效数字，不能随意添加，开头的零不是有效数字。

一个物理量的数值与数学上的数有着不同的含义。例如，在数学意义上 $4.60 = 4.600$，但在物理测量中（如长度测量），$4.60\ \text{cm} \neq 4.600\ \text{cm}$，因为 4.60 cm 中的前两位“4”和“6”是准确数，最后一位“0”是欠准确数，共有三位有效数字。而 4.600 cm 则有四位有效数字。实际上这两种写法表示了两种不同精度的测量结果，所以在记录实验测量数据时，有效数字的位数不能随意增减。

6.2 直接测量的读数原则

直接测量读数应反映出有效数字，一般应估读到测量器具最小分度值的1/10。但由于某些仪表的分度较窄、指针较粗或测量基准较不可靠等，可估读1/5或1/2分度。对于数字式仪表，所显示的数字均为有效数字，无须估读，误差一般出现在最末一位。例如：用毫米刻度的米尺测量长度，如图 6–1（a）所示，$L=1.67$ cm。“1.6”是从米尺上读出的“准确”数，“7”是从米尺上估读的“欠准确”数，但是有效的，所以读出的是三位有效数字；如图 6–1（b）所示，$L=2.00$ cm，仍是三位有效数字，而不能读写为$L=2.0$ cm或$L=2$ cm，因为这样分别表示只有两位或一位有效数字；如图 6–1（c）所示，$L=90.70$ cm有四位有效数字；若是改用厘米刻度米尺测量该长度时，如图 6–1（d）所示，则$L=90.7$ cm，只有三位有效数字。所以，有效数字位数的多少既与使用仪器的精度有关，又与被测量本身的大小有关。

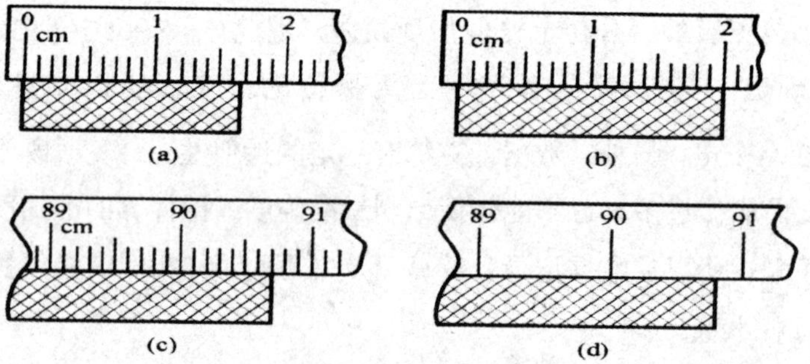

图 6–1　直接测量的有效数字

6.3 单位换算时有效数字规则

在单位换算或小数点位置变化时，不能改变有效数字位数，而是运用科学记数法，把不同单位用10的不同次幂表示。例如，1.2 m不能写作120 cm、1200 mm或1200000 μm，应记为

$$1.2\ \text{m}=1.2\times10^{2}\ \text{cm}=1.2\times10^{3}\ \text{mm}=1.2\times10^{6}\ \mu\text{m}$$

它们都是两位有效数字。反之，把小单位换成大单位，小数点移位，在数字

前出现的“0”不是有效数字，如2.42 mm = 0.242 cm = 0.00242 m，它们都是三位有效数字。

6.4　有效数字运算规则

间接测量的计算过程即为有效数字的运算过程，存在不确定度的传递问题。严格说来，应根据间接测量的不确定度合成结果来确定运算结果的有效数字，即间接测量量有效数字的末位与不确定度的末位对齐。

在不确定度估算之前，可根据表 6–1 的有效数字运算规则粗略地算出结果。

表 6–1　有效数字运算规则表

序号	运算法则	有效位数保留原则
1	加减法	多个测量值作加减法运算时，小数位数较多的值，只需比小数位数最少的多保留一位，而计算结果与小数位最少（最高末位）的那个测量值相同
2	乘除法	计算结果应保留与有效位数小的那个数相同的位数
3	乘方、开方运算	结果的有效数字与被乘方、开方数的有效数字位数相同
4	对数	自然对数的有效数字位数与真数有效位数相同；而以 10 为底的对数，其尾数（小数点后的数字）的有效数字位数与真数的有效数字位数相同
5	指数	对于e^x，结果用科学表示法表达，小数点前保留一位，小数点后保留的位数与指数 x 在小数点后面的位数相同； 对于10^x，有效数字的取法与e^x的取法相同，或少取一位（当10^x的结果的第一位大于 5 时可少取一位）。
6	三角	通过增加或者减小自变量末位数的一个单位，观察函数值的变化，哪一位发生变化就保留到该位
7	函数	有效数字位数由误差来确定
8	常数	计算时一般比运算各数中有效数字位数最多的保持一致，也可以多一位
9	测量结果平均值	测量结果平均值有效数字完全取决于不确定度，测量结果平均值末位与不确定度末位对齐，即平均值小数点后面的位数与不确定度小数点后面的位数一致；用科学记数法表示时，用一个统一的 10 幂表示平均值和不确定度

续表

序号	运算法则	有效位数保留原则
10	不确定度	保留两位或者一位有效数字，或者当第一个有效数字≤ 2 时，保留 2 位有效数字，当第一个有效数字≥ 3 时，保留 1 位有效数字
11	一般数字的取舍	四舍六入五凑偶规则
12	不确定的取舍	只进不舍
13	单位换算	单位换算时有效数字的个数不能变，通常用科学记数法进行表示

6.4.1 加减运算

根据不确定度合成理论，加减运算结果的不确定度，等于参与运算的各量不确定度平方和的开方，其结果大于参与运算各量中的最大不确定度。如

$$N = x + y$$

$$U_N = \sqrt{U_x^2 + U_y^2} > U_x\text{（或}U_y\text{）}$$

因此，加减运算结果的有效数字的末位应与参与运算的各数据中不确定度最大的末位对齐，即计算结果的欠准确数字与参与运算的各数值中最先出现的欠准确数字对齐，或者计算结果与小数位最少的那个测量值相同。下面例题中在数字上方加一短线的为欠准确数字。

【例 1】32.1+3.235和116.9－1.652的计算结果各应保留几位数字？

【解】先观察一下具体计算过程：

$$\begin{array}{r} 32.\overline{1} \\ +\ \ 3.23\overline{5} \\ \hline 35.\overline{3}\overline{3}\overline{5} \end{array} \qquad \begin{array}{r} 116.\overline{9} \\ -\ \ \ 1.65\overline{2} \\ \hline 115.\overline{2}\overline{4}\overline{8} \end{array}$$

可见，一个数字与一个欠准确数字相加或相减，其结果必然是欠准确数字。按照运算结果保留一位欠准确数字的原则：

$$32.1+3.235=35.3 \qquad 116.9-1.652=115.2$$

分别为三位有效数字和四位有效数字。

6.4.2　乘除运算

乘除运算结果的相对不确定度，等于参与运算各量的相对不确定度平方和的开方，因此运算结果的相对不确定度大于参与运算各量中的最大相对不确定度。我们知道，有效数字位数越少，其相对不确定度越大。所以，乘除运算结果的有效数字位数，与参与运算各量中有效数字位数最少的相同。

【例 2】1.1111×1.11的计算结果应保留几位数字?

【解】计算过程如下：

$$
\begin{array}{r}
1.111\bar{1} \\
\times\quad 1.1\bar{1} \\
\hline
\bar{1}\,\bar{1}\,\bar{1}\,\bar{1}\,\bar{1} \\
1\,1\,1\,1\,\bar{1} \\
1\,1\,1\,1\,\bar{1} \\
\hline
1.2\,\bar{3}\,\bar{3}\,\bar{3}\,\bar{2}\,\bar{1}
\end{array}
$$

因为一个数字与一个欠准确数字相乘，其结果必然是欠准确数字。所以，由上面的运算过程可知，小数点后面第二位的“3”及其后的数字都是欠准确数字，所以，有

$$1.1111\times1.11=1.23$$

为三位有效数字。与上面叙述的乘除运算法则是一致的。

除法是乘法的逆运算，取位法则与乘法相同，这里不再举例说明。

对于一个间接测量，如果它是由几个直接测量值通过相乘除运算得到的，那么，在进行测量时应考虑各直接测量值的有效数字位数要基本相同，或者说它们的相对不确定度要比较接近。如果相差悬殊，那么精度过高的测量就会失去意义。

6.4.3　乘方、开方运算

规则与乘除法运算规则相同，运算结果的有效数字位数与底数的有效位数相同，或者说运算结果的有效数字位数与被乘方、开方数的有效数字位数相同。例

如 $1.40^2=1.96$；$\sqrt{121}\neq 11$，而结果应该是 $\sqrt{121}=11.0$；$4^2\neq 16$，而结果应该是 $4^2=2\times 10^1$。

6.4.4 对数

自然对数的有效数字位数与真数有效位数相同。而以 10 为底的对数，其尾数（小数点后的数字）的有效数字位数与真数的有效数字位数相同。例如 $\ln 5.374=1.682$；$\lg 21.308=1.328\ 54$。

6.4.5 指数运算

对于e^x，其有效数字确定方法是：把e^x的结果用科学表示法表达，小数点前保留一位，小数点后保留的位数与指数x在小数点后面的位数相同。例如，$e^{8.134}=3.408\times 10^3$，$e^{0.00081}=1.00081$，$e^{75}=4\times 10^{32}$。

对于10^x，其有效数字确定方法是：其有效数字的取法与e^x的取法相同，或少取一位（当10^x结果的第一位大于 5 时可少取一位）。例如，$10^{8.134}=1.361\times 10^8$，$10^{0.8134}=6.507$。

6.4.6 三角函数运算

三角函数运算，其有效数字位数取法是：通过改变x末位数的一个单位，观察函数值的变化，以决定原来函数值的位数。例如，计算 $\sin 30°17'$：

$$\sin 30°\ 18'=0.504\ 53 \text{ 和 } \sin 30°\ 16'=0.504\ 08 \Rightarrow \sin 30°\ 17'=0.5043$$

6.4.7 函数运算

以上这些数可认为其有效数字是无限的，计算时一般比运算各数中有效数字位数最多的还多一位。

上述有效数字的运算规则，只是一个基本原则。实际问题中，为了防止取舍所造成的误差过大，常常在运算过程中多取 1 位，特别是随着计算机和计算器的普及，这种处理不会带来太多的麻烦，只是在最后结果根据不确定度所在位进行截断。

有效数字的四则运算规则，是根据不确定度合成理论和有效数字的定义总结出来的。所以，对于对数、三角函数等函数运算，原则上也要从不确定度传递公式出发来寻找其运算规则。例如：

【例 3】$a = 3068 \pm 2$，求$y = \ln a = ?$

【解】按照不确定度传递公式：

$$U_y = \frac{1}{a} U_a = \frac{1}{3068} \times 2 = 0.0007$$

所以$y = \ln a = 8.0288$。

【例 4】$\theta = 60°0' \pm 3'$，求$x = \sin\theta = ?$

【解】由不确定度传递公式：

$$U_x = |\cos\theta| U_\theta = |\cos 60°| \frac{3\times\pi}{60\times180} = 0.0004$$

所以 $x = \sin 60°0' = 0.8660$。

当直接测量的不确定度未给出时，上述过程可简化为通过改变自变量末位的一个单位，观察函数运算结果的变化情况来确定其有效数字。例如$\alpha = 20°6'$中的“$6'$”是欠准确数字，由计算器运算结果为$\sin 20°6' = 0.343\ 659\ 695\cdots$ $\sin 20°7' = 0.343\ 932\ 851\cdots$，两种结果在小数点后第四位出现了差异，所以$\sin 20°6' = 0.3436$。同理，$\ln 598 = 6.393\ 590\ 754\cdots$，$\ln 599 = 6.395\ 261\ 598\cdots$，所以$\ln 598 = 6.393$。但是，这种方法是比较粗糙的，有时与正确结果会出现明显差异。

6.4.8　常数

公式中的常数，如π、e、$\sqrt{2}$等，它们的有效数字位数是无限的，运算时一般根据需要，比参与运算的其他量多取一位有效数字即可。例如：

$S = \pi r^2$，$r = 6.042\ \text{cm}$，π 取为3.1416，$\therefore\ S = 3.1416 \times 6.042^2 = 114.7\,\text{cm}^2$。

$\theta = 129.3 + \pi$，π 取为3.14，$\theta = 129.3 + 3.14 = 132.4\,\text{rad}$。

6.5　测量结果数字取舍的四舍六入五凑偶规则

数字的取舍采用“四舍六入五凑偶”规则，若舍去数字的最高位为 4 或 4 以下的数，则“舍”；若为 6 或 6 以上的数，则“入”；被舍去数字的最高位为 5 时，且后面没有除零的数字，前一位数为奇数，则“入”，前一位数为偶数，则“舍”；若被舍去数字的最高位为 5 时，且后面还有非零数字，则无论前面是奇数还是偶数均须进位。其目的是使“入”和“舍”的机会均等，以避免用“四舍五入”规则处理较多数据时，因入多舍少而引入计算误差。

“四舍六入五凑偶”规则也可理解为进位与不进位的机会完全达到 50%。如：12.5*ab* 这个数，保留小数一位。首先看后面小数位上数 *ab* 情况。若 *ab* 从 01 到 49 为舍，*ab* 从 51 到 99 为进，进舍的概率各为 49%。*ab* 是两位数是这样，更多位数也一样。关键是看 *ab* 为 50 时，或者 50000……时，即后面全是零的情况。从统计学的角度，对于一组实验测量数据，在保留数字有效位数时，采用前位数单进双不进的原则，可以更加保证进位与不进位的机会一样，即舍入项数是平衡的，进而保证这个数据组舍入误差平衡，即舍入后的结果有的变大，有的变小，更平均。另外采用“偶数法则”时，偶数常能被除尽可以避免计算误差。与之相比，“四舍五入”则会因逢五就入，导致结果偏向大数。因此“四舍六入五凑偶”的规则广泛应用于科学实验和测量工作的数据处理中。

例如，将下列数据保留到小数点后第二位：

$$8.0861 \to 8.09，8.0845 \to 8.08，8.0850 \to 8.08，8.0754 \to 8.08$$

有效数字运算规则和数字取舍规则的目的是保证测量结果的准确度不因数字取舍不当而受到影响。同时，也可以避免因保留一些无意义的欠准确数字而做无用功，浪费时间和精力。现在由于计算器的应用已十分普及，计算过程多取几位数字也并不花费多少精力，不会给计算带来什么困难。但是，实验结果的正确表达仍然值得重视，实验者必须能够正确判断实验结果是几位有效数字，正确结果该怎么表示。

6.6 有效数字取舍案例分析

【例 5】改正下列错误，写出正确答案：

（1）0.108 60的有效数字为六位；（2）$P=(31\ 690 \pm 300)\text{kg}$；

（3）$d=10.8135\pm0.0176\ \text{cm}$；　（4）$E=1.98\times10^{11}\pm3.27\times10^{9}\ \text{N/m}^2$；

（5）$g=9.795\pm0.0036\ \text{m/s}^2$；　（6）$R=6371\ \text{km}=6\ 371\ 000\ \text{m}=637\ 100\ 000\ \text{cm}$。

解：（1）0.108 60的有效数字为五位；　（2）$P=(3.17\pm0.03)\times10^{4}\ \text{kg}$；

（3）$d=10.814\pm0.018\ \text{cm}$；　（4）$E=(1.98\pm0.04)\times10^{11}\ \text{N/m}^2$；

（5）$g=9.795\pm0.004\ \text{m/s}^2$；　（6）$R=6.371\times10^{6}\ \text{m}=6.371\times10^{8}\ \text{cm}$。

【例 6】根据有效数字运算规则计算下列各题：

（1）$\dfrac{76.013}{40.03-2.0}=$______　（2）$\dfrac{50.00\times(18.30-16.3)}{(103-3.0)\ (1.00+0.001)}=$______

（3）$\dfrac{25^2+493.0}{\ln 406.0}=$______　（4）$\dfrac{\sin\frac{1}{2}(60°2'+51°20')}{\sin 30°1'}=$______

解：（1）$\dfrac{76.013}{40.03-2.0}=\dfrac{76.013}{38.0}=2.00$

（2）$\dfrac{50.00\times(18.30-16.3)}{(103-3.0)\ (1.00+0.001)}=\dfrac{50.00\times2.0}{100\times1.00}=1.0$

（3）$\dfrac{25^2+493.0}{\ln 406.0}=\dfrac{6.2\times10^2+4.930\times10^2}{6.0064}=\dfrac{11.1\times10^2}{6.0064}=1.85\times10^2$

（4）$\dfrac{\sin\frac{1}{2}(60°2'+51°20')}{\sin 30°1'}=\dfrac{\sin 55°41'}{0.5002}=\dfrac{0.8259}{0.5002}=1.651$

【例 7】找出下列正确的数据记录：

（1）用分度值为 0.05 mm 的游标卡尺测物体长度（A、C）。

A. 32.50 mm　B. 32.48 mm　C. 43.25 mm　D. 32.5 mm　E. 32.500 mm

（2）用分度值为 0.02 mm 的游标卡尺测物体长度（A、B）。

A. 45.22 mm　B. 52.78 mm　C. 64.05 mm　D. 84.0 mm　E. 83.728 mm

（3）用分度值为 0.01 mm 的螺旋测微计测物体长度（C、D、E）。

A. 0.5 mm　B. 0.50 mm　C. 0.500 mm　D. 0.659 mm　E. 0.523 mm

【例 8】用量程为 100 mA，刻有 100 小格的 0.1 级表测量电流，指针指在 80 小格上；用量程为 100 V，刻有 50 小格的 1.0 级表测量电压，指针指在 40 小格上，则电压和电流正确的数据分别为（B）和（A）。

电流：A. 80 mA　B. 80.0 mA　C. 80.00 mA

电压：A. 80 V　B. 80.0 V　C. 80.00 V

【例 9】下列测量的结果表达正确的有（C）。

A. $S=(2560\pm100)$ mm　　B. $A=(8.32\pm0.02)$

C. $R=(82.3\pm0.3)$ Ω　　D. $f=(2.485\times10^4\pm0.09\times10)$ Hz

第 7 章　常用数据处理方法

测量获得了大量的实验数据，而要通过这些数据来得到可靠的实验结果或物理规律，则需要学会正确的数据处理方法。本章将介绍在物理实验中常用的列表法、作图法、逐差法和最小二乘法等数据处理方法。

7.1　列表法

在记录和处理实验测量数据时，经常把数据列成表格，它可以简单而明确地表示出有关物理量之间的对应关系，便于随时检查测量结果是否正确合理，及时发现问题，利于计算和分析误差，并在必要时对数据随时核查。列表法有助于找出有关物理量之间的规律性，得出定量的结论或经验公式等。列表法是工程技术人员经常使用的一种方法。

列表时，一般应遵循下列规则：

（1）简单明了，便于看出有关物理量之间的关系，便于处理数据；

（2）在表格中均应标明物理量的名称和单位；

（3）表格中数据要正确反映出有效数字；

（4）必要时应对某些项目加以说明，并计算出平均值、标准误差和相对误差。

【例 1】用千分尺测量钢丝直径，如表 7–1 所示。

表 7–1　不同次数的钢丝直径

次数	初读数 /mm	末读数 /mm	直径 D_i/mm	$\bar{D}$ /mm	$u(D)$ /mm	U_r
1	0.002	2.147	2.145	2.145	0.001	0.06%
2	0.004	2.148	2.144			

续表

次数	初读数 /mm	未读数 /mm	直径 D_i/mm	$\bar{D}$ /mm	$u(D)$ /mm	U_r
3	0.003	2.149	2.146	2.145	0.001	0.06%
4	0.001	2.145	2.144			
5	0.004	2.149	2.145			
6	0.003	2.147	2.144			

【例 2】测量一段金属管外径，内径，高度，如表 7–2 所示。

表 7–2　金属管外径、内径、高度

卡尺精度：0.1 mm　零点读数：+ 0.20 mm						
测量序号	外径 /mm		内径 /mm		高度 /mm	
	d_1	Δd_1	d_2	Δd_2	h	Δh
1	21.70	0.03	16.70	0.08	43.55	0.19
2	21.45	0.28	16.50	0.12	43.70	0.04
3	21.60	0.13	16.45	0.17	43.55	0.19
4	21.90	0.17	16.80	0.18	43.90	0.16
5	22.00	0.27	16.65	0.03	44.00	0.26
平均值	21.73	—	16.62	—	43.74	—
修正后平均值	21.53	—	16.42	—	43.54	—
A 类不确定度	—	0.18		0.12	—	0.17
B 类不确定度						
合成不确定度						
置信概率	68.3%					
测量结果	$d_1=(21.53\pm0.18)$ mm		$d_2=(16.42\pm0.12)$ mm		$h=(43.54\pm0.17)$ mm	

7.2　作图法

物理实验中所得到的一系列测量数据，也可以用图线直观地表示出来，作图法就是在坐标纸上描绘出一系列数据间对应关系的图线。可以研究物理量之间的变化规律，找出对应的函数关系，是求经验公式的常用方法之一。

物理实验所揭示的物理量之间的关系，可以用一个解析函数关系来表示，也可以用坐标纸在某一平面内由一条曲线表示，后者称为实验数据的图形表示法，简称图示法。

7.2.1　Origin 软件简介

Origin 是美国 OriginLab 公司开发的一个科学绘图、数据分析软件，支持在 Microsoft Windows 下运行，它能满足大部分科技工作者在科技绘图及数据处理方面的需求，并且容易掌握、兼容性好，采用直观的、图形化的、面向对象的窗口菜单和工具栏操作，全面支持鼠标右键、支持拖方式绘图等，因此成为科技工作者的首选科技绘图及数据处理软件。目前最新版本为 10.5。

Origin 的数据分析包括数据的排序、调整、计算、统计、频谱变换（信号处理）、曲线拟合等各种完善的数学分析功能。Origin 中的曲线拟合是采用基于 levernberg-marquardt 算法（LMA）的非线性最小二乘法拟合。软件具有强大的数据导入功能，支持多种格式的数据，包括 ASCII、Excel、NI TDM、DIADem、NetCDF、SPC 等，如 Excel 格式下的界面和功能同 Office 中的 Excel 一样，准备好数据后，进行数据分析时，只需选择所要分析的数据，然后再选择相应的菜单命令即可。

Origin 的绘图是基于模板的，Origin 本身提供了几十种二维和三维绘图模板，而且允许用户自己定制模板绘图，只要选择所需要的模板就行。用户可以自定义数学函数、图形样式和绘图模板；可以和各种数据库软件、办公软件、图像处理软件等连接；可以用 C 等高级语言编写数据分析程序，还可以用内置的 Lab Talk 语言编程等。图形输出格式多样，例如 JPEG、GIF、EPS、TIFF 等。内置的查询工具可通过 ADO 访问数据库数据。

打开软件后，可以看到如图 7-1 的界面，在菜单 View > Toolbars 中可以看到许多选项，勾中后在菜单区会出现如图 7-2 的很多图标，这显示了 Origin 丰富的操作功能。当然，如果浏览一下各个菜单，可以发现更多的功能。这里只对 File、Edit、Plot、Analysis、Tools 等进行简单介绍，菜单栏中其他选项读者可以阅读 Origin 软件进行系统性学习。

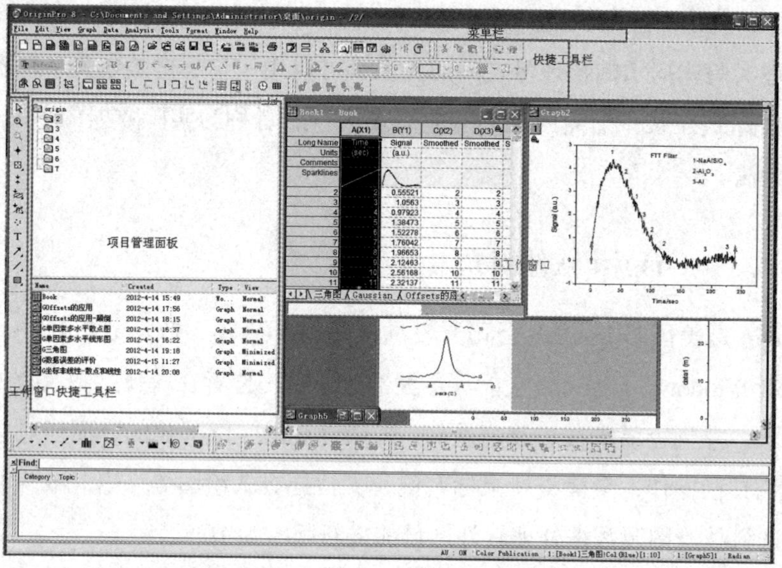

图 7–1　Origin 软件常规界面

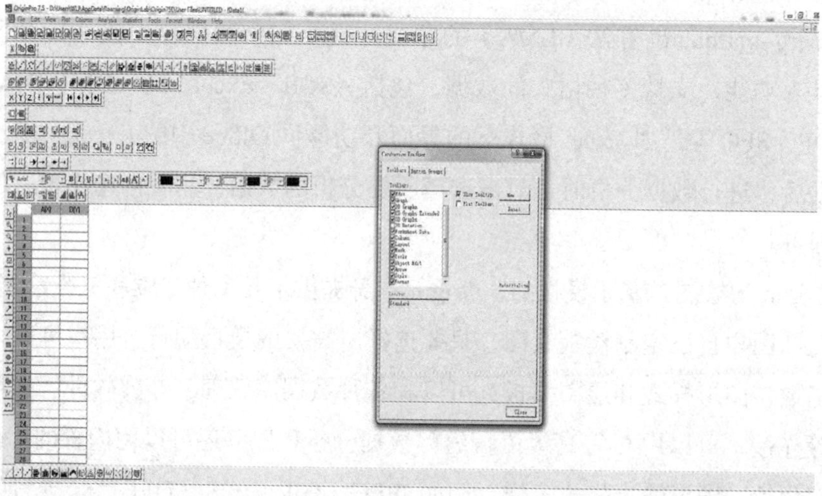

图 7–2　Origin 软件工具选项拓展界面

1.File 功能介绍

如图 7–3 所示，在数据状态下和绘图状态下“File”的下拉选项是一样的，主要包含 New（新建）、Open（打开）、Open Excel（打开 Excel 表格）、Append（添加到当前文件）、Close（关闭文件）；Save Project（保存为 Project 格式文本）、Save Project As...（将当前 Project 文档另存为某种格式文档）；Save Window

As...（保存当前窗口为某种格式的文档）、Save Template As...（临时保存为某种格式的文档）；Print（打印）、Print Preview（打印预览）、Page Setup...（打印页面的设置）；Import ASCII（通过 ASC、Excel，以及软件生成等不同的方式输入数据）、Export Page...（通过 ASC、Excel 等不同的方式输出数据）、其他（最近使用过的文档）、Exit（退出当前文档）。

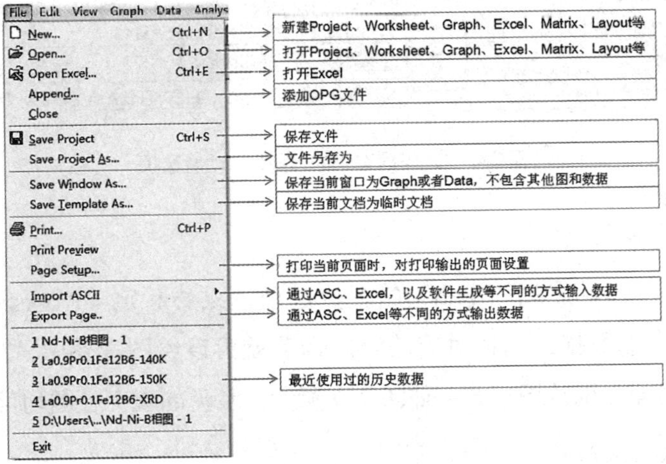

图 7–3　“File”功能选项

2.Edit 功能介绍

如图 7–4 所示和 7–5 所示，在数据状态下和绘图状态下“Edit”的下拉选项是不一样的，数据状态下主要是对“Worksheet”“Excel”“Matrix”等中的数据进行操作，绘图状态下主要是对选择的“Page”进行操作。

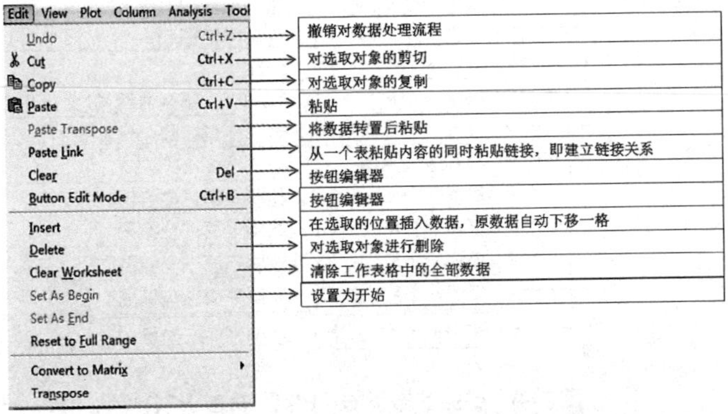

图 7–4　数据状态下的“Edit”功能选项

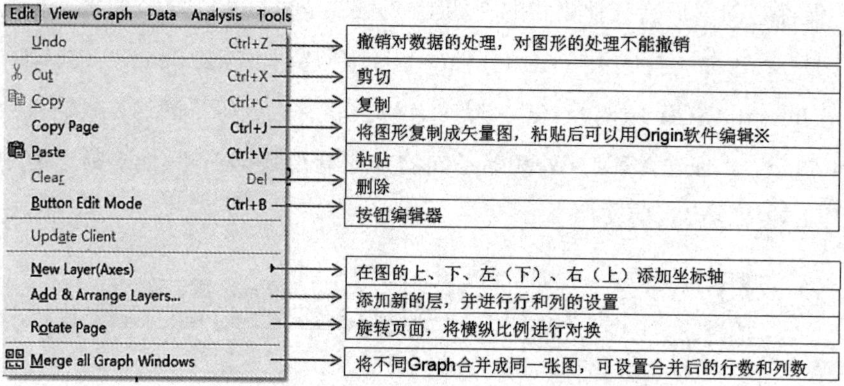

图 7–5 绘图状态下的“Edit”功能选项

3. “Plot”功能介绍

图 7–6 是数据状态下“Plot”的下拉选项，只要断定“Worksheet”“Excel”“Matrix”等中的数据，选择对应的绘图选项就可以绘图。其中，“Special Line/Symbol”包含丰富的绘图模式，如图 7–7 所示，常见的双 *Y* 轴图均可以绘制。

图 7–6 数据状态下的“Plot”功能选项

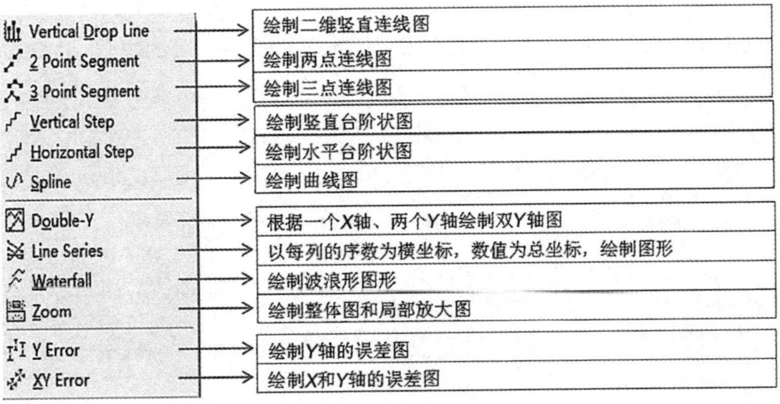

图 7–7　特殊绘图功能选项

4.“Analysis”功能介绍

如图 7–8 和 7–9 所示，在数据状态下和绘图状态下“Edit”的下拉选项也是不一样的，但无论是对数据进行直接分析，还是数据绘图后对图形分析，其结果是一样的。“Analysis”是 Origin 软件的核心功能，如前所述的数据的排序、调整、计算、统计、频谱变换（信号处理）、曲线拟合等数学分析功能，以及曲线的最小二乘法拟合中采用 C 等高级语言编写数据分析程序，或者采用内置的 Lab Talk 语言编程均能很好地体现。在实际实验数据分析和处理中，读者可以根据自己的需求，选择对应的选项进行操作。

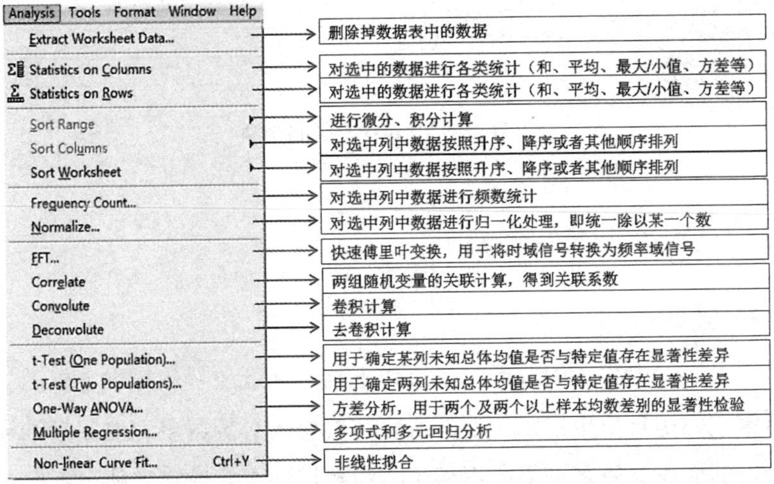

图 7–8　“Analysis”的数据分析功能选项

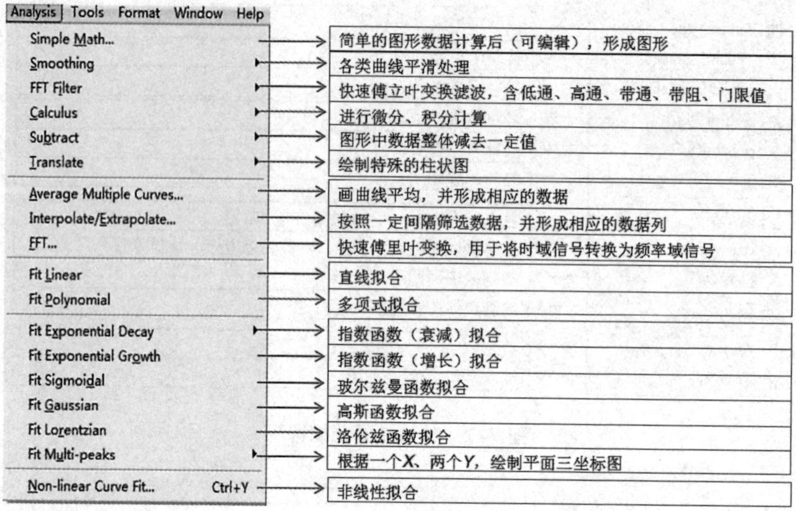

图 7-9 “Analysis”的图形分析功能选项

5.“Tools”功能介绍

图 7-10 是“Tools”功能选项，主要是针对图形进行操作。

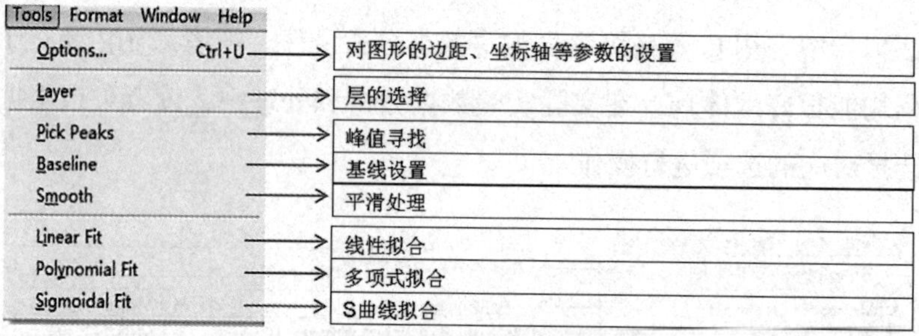

图 7-10 “Tools”的功能选项

7.2.2 图示法的作图规则

1. 选取坐标纸

根据不同实验内容和函数形式来选取不同坐标纸或者软件中坐标图，在普物实验中最常用的是直角坐标纸。根据所测得数据的有效数字和对测量结果的要求来定坐标纸的大小，原则上是以不损失实验数据的有效数字和能包括所有实验点为选择依据，一般图上的最小分格至少应是有效数字的最后一位可靠数字。

2. 定坐标和坐标标度

以横坐标表示自变量，纵坐标表示因变量。写出坐标轴所代表的物理量的名称和单位。为了使图线在坐标纸上布局合理以及充分利用坐标纸，坐标轴的起点不一定从变量“0”开始。图线若是直线，尽量使图线比较对称地充满整个图纸，避免图线偏于一角或一边。为此，应适当放大（或缩小）纵坐标轴和横坐标轴的比例。在坐标轴上按选定的比例标出若干等距离的整齐的数值标度，标度数值的位数应与实验数据有效数字位数一致。选定比例时，应使最小分格代表“1”“2”或“5”，不要用“3”“6”“7”“9”表示一个单位。因为这样不仅使标点和读数不方便，而且也容易出错。

目前，常见的物理作图长宽比例有 16 ∶ 9、25 ∶ 17 等，因此在横纵坐标上一个代表多少，可以根据数据的分布进行估算。如表 7–3 所示，数据按照 25 ∶ 17 作图，则可以按照以下方式确定横纵坐标的最小刻度。

横坐标：$\frac{55-7}{25}=1.9$　　　　故取 2.0/cm

纵坐标：$\frac{87-73}{17}=0.82$　　　　故取 1.0 /cm

表 7–3　按照 25 ∶ 17 作图的数据

序号	1	2	3	4	5	6	7
x	7.5	16.0	23.5	30.5	38.0	47.0	54.5
y	73.8	76.6	77.8	80.2	82.0	84.4	86.6

3. 标点

根据测量数据，找到每个实验点在坐标纸上的位置，用铅笔以“×”标出各点坐标，要求与测量数据对应的坐标准确地落在“×”的交点上。一张图上画多条曲线时，每条曲线可用不同标记如“+”“⊙”“△”等以示区别。

4. 连线

用直尺、曲线板、铅笔将测量点连成直线或光滑曲线，校正曲线要通过校正点连成折线。因为实验值有一定误差，所以曲线不一定要通过所有实验点，只要求线两旁的实验点分布均匀且离曲线较近，并在曲线的转折处多测几个点，对个别偏离较大的点，要重新审核，进行分析后决定取舍。

5. 写出图纸名称

要求在图纸的明显位置标明图纸的名称，即图名、作者姓名、日期、班级等。

【例 3】伏安法测电阻，获得以下数据，如表 7–4 所示，请作出电压 – 电流图。

表 7–4　某仪器电压、电流数据

仪器：*****、****，精度：0.1 V、0.1 mA						
电压 /V	1.00	2.00	3.00	4.00	5.00	6.00
电流 /mA	1.05	1.96	3.03	3.94	5.02	5.98

这里采用 Origin 软件作图。首先将上述数据复制到 Origin 软件中的 “Worksheet” 或者 “Excel” 中，其中，电压为 “*X*” 列、电流为 “*Y*” 列，然后选中数据绘图。由于电压和电流的准确位数均为 1/10 位，因此横纵坐标的最小刻度精确到 0.1 即可。如设置电压的最小分格值时，只需双击 *X* 坐标轴，就会弹出 7–11 所示的对话框，由于操作的是 *X* 轴，因此选定的对象是 “Bottom”，里面的 “Scale” “Title & Format” “Grid Lines” “Break” “Tick Labels” “Minor Tick Labels” “Custom Tick Labels” 对应是坐标、刻度、网格、断点、小刻度、坐标个性化设置等。在操作不同的坐标轴时，只须点击 “Top” “Left” “Right” 等。From →坐标起点、To →坐标止点、Increment →主刻度间隔、Minor →两个主刻度之间的刻度数。这里 Increment 设置为 1、Minor 设置为 9，则两个主刻度之间就有 10 个小刻度，精度为 0.1。

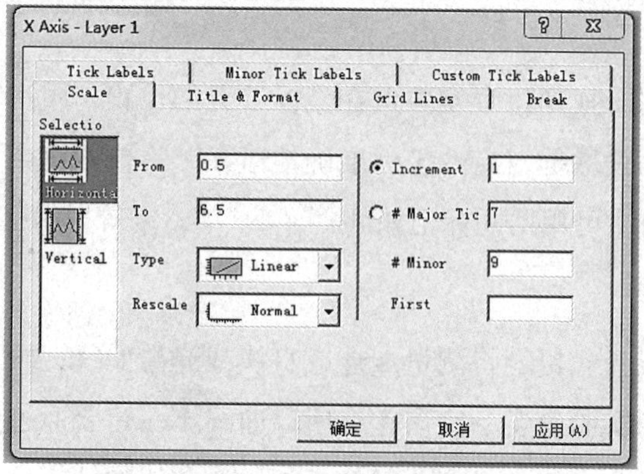

图 7–11　坐标轴设置对话框

刻度设置好以后，只须对横纵坐标的名称进行设置，并加上其他信息，就可以得到图 7–12。

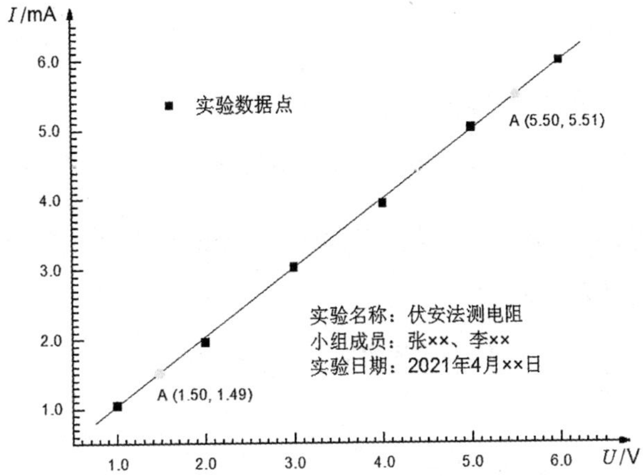

图 7–12　伏安法测电阻的图示

6. 取点

方法 1：在直线上任取两点 $A\ (x_1, y_1)$ 和 $B\ (x_2, y_2)$，其坐标值最好是整数值。用“Δ”符号表示所取的点，与实验点区别开。一般不要取原实验点，所取两点在实验范围内应尽量彼此分开一些，以减小误差。

方法 2：在直线“两端内侧”取两点 $A\ (x_1,\ y_1)$ 和 $B\ (x_2,\ y_2)$。

方法 3：在直线“两端外侧”取两点 $A\ (x_1,\ y_1)$ 和 $B\ (x_2,\ y_2)$。

这里需要注意的是在上述三种方法中，两点不一定就是实验数据点，也可以是连线（直线）上的点。

7. 求斜率k

在坐标纸适当空白的位置，由直线方程$y = kx + b$，写出斜率的计算公式：

$$k = \frac{y_2 - y_1}{x_2 - x_1} \tag{7-1}$$

将两点坐标值代入上式，写出计算结果。

8. 求截距b

如果横坐标的起点为零，其截距b为$x = 0$时的y值，其直线的截距即由图直接读出。如果起点不为零，则可根据 A、B 点的两个$y = kx + b$方程求解，得到截距的如下表达式：

$$b = \frac{x_2 y_1 - x_1 y_2}{x_2 - x_1} \tag{7-2}$$

【例 4】已知电阻丝的阻值R与温度t的关系为

$$R = R_0(1 + at) = R_0 + R_0 at$$

其中，R_0、a是常数。现有一电阻丝，其阻值随温度变化如表 7–5 所示。请用作图法作$R - t$直线，并求R_0、a的值。

7–5　某电阻丝其阻值随温度变化表

t/℃	15.0	20.0	25.0	30.0	35.0	40.0	45.0	50.0
R/Ω	28.05	28.52	29.10	29.56	30.10	30.57	31.00	31.62

解：由上表可知

$$t_{max} - t_{min} = 50.0 - 15.0 = 35.0\ (℃)$$

$$R_{max} - R_{min} = 31.62 - 28.05 = 3.57\ (\Omega)$$

即温度 t 的变化范围为 35℃，而电阻值 R 的变化范围为 3.57 Ω。根据坐标纸大小的选择原则，既要反映有效数字又要包括所有实验点，选 40 格 ×40 格的图纸。取自变量 t 为横坐标，起点为 10℃，每一小格为 1℃；因变量 R 为纵坐标，起点为 28 Ω，每一小格为 0.1 Ω，描点连线图，得 $R - t$ 直线如图 7–13 所示。

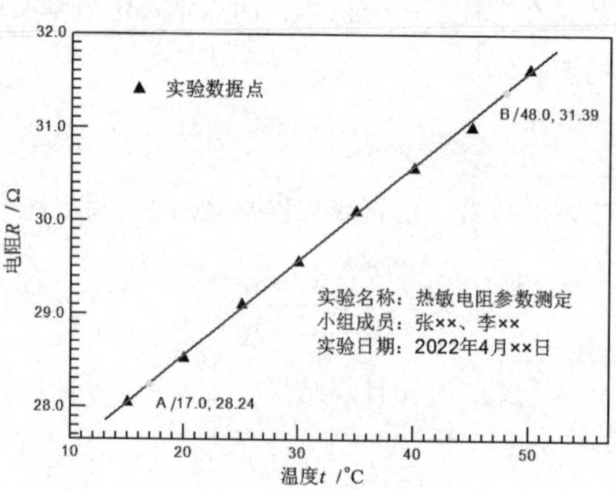

图 7–13　$R - t$ 直线图

在直线上取两点（17.0，28.24），（48.0，31.39）则：

$$R_0a = \frac{31.39 - 28.24}{48 - 17} = 0.102\ (\Omega/℃)$$

$$R_0 = \frac{48 \times 28.24 - 17.0 \times 31.39}{48.0 - 17.0} = 26.4\ (\Omega)$$

故有 $R = 26.4 + 0.10t$（Ω）。

7.2.3　曲线改直线

在实际工作中，许多物理量之间的函数关系形式都是比较复杂的，并非都为线性，但是可以适当变换线性关系，即把曲线变成直线，这种方法叫曲线改直。例如：

（1）$PV = C$，C 为常数，由$R = C\frac{1}{V}$作$R - \frac{1}{V}$图得直线，斜率即为 C。

（2）$S = v_0t + \frac{1}{2}at^2$，$v_0$、$a$为常数。两边除以 t 得$\frac{S}{t} = v_0 + \frac{1}{2}at$，作$\frac{S}{t} - t$图为直线，其斜率为$\frac{1}{2}a$，截距为$v_0$。

（3）$y = ax^b$，其中 a，b 为常数。两边取对数，得$\lg y = \lg a + b\lg x$，以 $\lg x$ 为横坐标，$\lg y$ 为纵坐标作图得一直线，截距为 $\lg a$，斜率为 b。

实际上，在各类实验误差处理中，基本上都只介绍直线关系的处理办法，比如作图法、最小二乘法，其原因就是曲线关系可以转化为直线关系，然后通过间接法求出对应的物理量。

7.2.4　图法的优点

直观：这是作图法的最大优点之一，可根据曲线形状，很直观、很清楚地表示出在一定条件下，某一物理量与另一物理量之间的相互关系，找出物理规律。

简便：在测量精度要求不高时，由曲线形状探索函数关系，作图法比其他数据处理方法要简便。

可以发现某些测量错误：若在曲线上个别点偏离特别大，可提醒人们重新核对。

在图线上，可以直接读出没有进行测量的对应某 x 的 y 值（内插法）。在一定条件下，也可以从图线的延伸部分读出测量数据范围以外的点（外推法）。同时，还可以结合数值分析中的多点法进行差值。

但作图法也有其局限性。特别是受图纸大小的限制，不能准确建立物理量之间的函数关系，同时受到人为主观性的描点、连线的影响，不可避免地会产生误差。

7.3 逐差法

逐差法是对等间距测量的有序数据进行逐项或相等间隔项相减得到结果的一种方法。它计算简便，能够充分利用测量数据，及时发现差错，总结规律，是物理实验中常用的一种数据处理方法。

7.3.1 逐差法的使用条件

（1）运用逐差法时要求人为地选择自变量x，并且使之作等差变化，即自变量 x 是等间距变化的。

（2）被测的物理量之间的函数形式可以写成 x 的多项式，即$y=\sum_{m=0}^{m}a_m x^m$，$y=a_0+a_1x$；或写成x的多项式$y=a_0+a_1x+a_2x^2+\cdots$，$a_n x^n$；或已线性化的非线性函数等。

7.3.2 逐差法的基本原理

为验证y和x是否呈线性关系，可以等差地改变自变量x，进行多次测量，得出相应的y值，若满足线性关系，则可得到如下方程：

$$\left.\begin{aligned}y_1&=a_0+a_1x_1\\y_2&=a_0+a_1x_2\\y_3&=a_0+a_1x_3\\&\vdots\\y_{n-1}&=a_0+a_1x_{n-1}\\y_n&=a_0+a_1x_n\end{aligned}\right\}\qquad(7\text{-}3)$$

在这种线性方程组中，只有两个未知数（a_0及a_1），方程的个数n大于或远大于未知数的个数，类似这种测量称为符合测量。

将式中的方程逐一相减称为逐差。逐差后可得下述$n-1$个方程：

$$\left.\begin{array}{c}\Delta y_1 = y_2 - y_1 = a_1\Delta x_1 \\ \Delta y_2 = y_3 - y_2 = a_1\Delta x_2 \\ \vdots \\ \Delta y_{n-1} = y_n - y_{n-1} = a_1\Delta x_{n-1}\end{array}\right\} \tag{7-4}$$

因实验中选定$\Delta x_i = \Delta x$（i=1，2，…，n–1），所以若式左端即Δy_i（i=1，2，…，n–1）在实验误差范围内为“恒量”，则证明呈线性关系。

但当对诸式求平均时，发现斜率$\overline{a}_1 = \dfrac{\Delta\overline{y}}{\Delta\overline{x}} = \dfrac{y_n - y_1}{x_n - x_1}$。可见，中间$n-2$组数据均未被利用。因此，求斜率$a_0$及截距$a_1$的方法达不到多次测量取平均的目的。

为了充分利用全部测量数据，减小所求系数a_0及a_1的测量误差，令测量次数$n = 2l$，式（7–4）变为如下$2l$个方程：

$$\left.\begin{array}{c} y_1 = a_0 + a_1x_1 \\ \vdots \\ y_l = a_0 + a_1x_l \\ y_{l+1} = a_0 + a_1x_{l+1} \\ \vdots \\ y_{2l} = a_0 + a_1x_{2l}\end{array}\right\} \tag{7-5}$$

将式（7–5）表述的方程平均分为两组，然后依前后两组的顺序对应相减求差，这种求差的方法称为逐差法。求差后，即得下式所表述的l个方程：

$$\Delta y_i = y_{l+i} - y_i = a_1(x_{l+i} - x_i) = a_1\Delta x_i \quad (i = 1,\ 2,\ \cdots,\ l) \tag{7-6}$$

对式（7–6）所表述的 l 个方程求和后再除以 l 得：

$$\overline{a}_1 = \frac{\left[\sum_{i=1}^{n}(y_{l+i} - y_i)/l\right]}{\left[\sum_{i=1}^{n}(x_{l+i} - x_i)/l\right]} = \frac{\sum_{i=1}^{n}(y_{l+i} - y_i)}{\sum_{i=1}^{n}(x_{l+i} - x_i)} \tag{7-7}$$

式（7–7）即为逐差法求斜率的计算公式。因假定 x 没有误差，且 x 作等差变化，所以若设 x 的逐差值为$l\Delta x_i = l\Delta x = \frac{1}{2}n\Delta x$，则由合成标准不确定度传递公式可以求出斜率的标准不确定度：

$$u_{(a_1)} = \sqrt{n} \cdot u_{y_i} / \sum_{i=1}^{l} \Delta x_i = \frac{2u_{y_i}}{\Delta x\sqrt{n}} \tag{7-8}$$

其中，u_{y_i}为y_i的测量不确定度。

用同样的方法可求直线的截距：

$$\overline{a}_0 = \overline{y} - \overline{a}_1 \cdot \overline{x} \tag{7-9}$$

其标准不确定度：

$$u_{(a_0)} = \sqrt{\frac{1}{n}\left(1 + \frac{16\overline{x}^2}{n^2\Delta x^2}\right)} \cdot u_{(y_i)} \tag{7-10}$$

至此，我们用逐差法出了y与x之间的定量关系，即得到如下经验公式：

$$\overline{y} = \overline{a}_0 + \overline{a}_1 \cdot \overline{x} \tag{7-11}$$

对于形如$y = a_0 + a_1x + a_2x^2$的二次多项式，可再令$l = 2m$，进行二次逐差。逐差后，运用类似上述方法即可顺序求出$\overline{a}_2 \to \overline{a}_1 \to \overline{a}_0$。但由于结果的误差往往很大，所以很少使用逐差法求二次多项式中的a_1及a_0。

在测量中，有时候数据不能均分为个数相等的两组，如$n = 2l + 1$，则处理方法通常是不考虑第$l + 1$个数据，将自变量数据分为（x_1，x_2，…，x_l）和（x_{l+2}，x_{l+3}，…，x_{2l+1}），对应因变量分为（y_1, y_2, …, y_l）和（y_{l+2}, y_{l+3}, …, y_{2l+1}），然后作类似处理即可。

7.3.3　逐差法的优点

（1）用逐差法处理数据可充分利用多次测量的数据，具有对数据取平均的效果。

（2）通过逐差，将$2l$个量值为Δx的变化转化为l个量值为$l \cdot \Delta x$的变化，这不仅可以减小测量误差，而且这种变化量往往是在实际实验中所不能实现的。

（3）通过逐差，可绕过一些具有定值的物理量如a_0，而直接求出实验所需要的数据如a_1。

7.3.4　逐差法的应用

1. 拉伸法测弹簧的倔强系数

设实验中等间隔地在弹簧下加砝码（如每次加 1 g），共加 9 次，分别记下对应的弹簧下端点的位置 L_0，L_1，L_2，…，L_9，则可用逐差法进行以下处理。

步骤 1：验证函数形式是线性关系。

把所测的数据逐项相减，即

$$\begin{gathered}\Delta L_1 = L_1 - L_0 \\ \Delta L_2 = L_2 - L_1 \\ \vdots \\ \Delta L_9 = L_9 - L_8\end{gathered}$$

看 ΔL_0，ΔL_1，ΔL_2，…，ΔL_9 是否基本相等。而当 ΔL_i 均基本相等时，就验证了外力与弹簧伸长量之间的函数关系是线性的，即

$$F = k\Delta L$$

用此法可检查测量结果是否正确，但注意的是必须要逐项相减。

步骤 2：求物理量数值。

为了保证多次测量的准确度，只要在数据处理方法上做一些组合，就能达到多次测量以减小误差的目的。因此一般使用逐差法的规则应用如下方法。

通常可将等间隔测量的值分成前后两组，前一组为 L_0、L_1、L_2、L_3、L_4，后一组为 L_5、L_6、L_7、L_8、L_9，将前后两组的对应项相减为

$$\begin{gathered}\Delta L_1 = L_5 - L_0 \\ \Delta L_2 = L_6 - L_1 \\ \vdots \\ \Delta L_5 = L_9 - L_4\end{gathered}$$

再取平均值：

$$\overline{\Delta L} = \frac{1}{5}[(L_5 - L_0) + (L_6 - L_1) + \cdots + (L_9 - L_4)] = \frac{1}{5}\sum_{i=0}^{4}(L_{5+i} - L_i)$$

由此可见，与上面一般求平均值方法不同，这时每个数据都用上了。

同理，可以求出F的平均值，即

$$\overline{\Delta F}=\frac{1}{5}[(F_5-F_0)+(F_6-F_1)+\cdots+(F_9-F_4)]=\frac{1}{5}\sum_{i=0}^{4}(F_{5+i}-F_i)$$

步骤 3：求弹簧振子劲度系数。

利用以上方法，然后再根据$F=k\Delta L$进行数据分析。

2. 打点计时器求匀变速直线运动加速度

若选取的纸带部分有偶数段（$2n$），则之间将这些段平均分为两部分，即

$$S_1，S_2，\cdots，S_n$$

$$S_{n+1}，S_{n+2}，\cdots，S_{2n}$$

则根据匀变速直线运动规律，有

$$\begin{cases}\Delta x_1=s_{n+1}-s_1=(n+1-1)\ a_1T^2=na_1T^2\\ \Delta x_2=s_{n+2}-s_2=(n+2-2)\ a_2T^2=na_2T^2\\ \vdots\qquad\quad \vdots\qquad\quad \vdots\qquad\quad \vdots\\ \Delta x_n=s_{2n}-s_n=(2n-n)\ a_nT^2=na_nT^2\end{cases}\Rightarrow\begin{cases}a_1=\dfrac{s_{n+1}-s_1}{nT^2}\\ a_2=\dfrac{s_{n+2}-s_2}{nT^2}\\ \vdots\qquad\vdots\\ a_n=\dfrac{s_{2n}-s_n}{nT^2}\end{cases}$$

则 $\bar{a}=\dfrac{\sum\limits_{1}^{n}a_i}{n}=\dfrac{\sum\limits_{n+1}^{2n}s_i-\sum\limits_{1}^{n}s_i}{n^2T^2}$

同理，若选取的纸带部分有偶数段（$2n+1$），则将除$n+1$段之外的$2n$段也平均分为两部分，即

$$S_1，S_2，\cdots，S_n$$

$$S_{n+2}，S_{n+3}，\cdots，S_{2n+1}$$

则根据匀变速直线运动规律，有

$$\begin{cases}\Delta x_1=s_{n+2}-s_1=(n+2-1)a_1T^2=(n+1)a_1T^2\\ \Delta x_2=s_{n+3}-s_2=(n+3-2)a_2T^2=(n+1)a_2T^2\\ \vdots\qquad\quad \vdots\qquad\quad \vdots\qquad\quad \vdots\\ \Delta x_n=s_{2n+1}-s_n=(2n+1-n)a_nT^2=(n+1)a_nT\end{cases}\Rightarrow\begin{cases}a_1=\dfrac{s_{n+2}-s_1}{(n+1)T^2}\\ a_2=\dfrac{s_{n+3}-s_2}{(n+1)T^2}\\ \vdots\qquad\vdots\\ a_n=\dfrac{s_{2n+1}-s_n}{(n+1)T^2}\end{cases}$$

则 $\overline{a}=\frac{\sum_{1}^{n}a_i}{n}=\frac{\sum_{n+1}^{2n}s_i-\sum_{1}^{n}s_i}{n(n+1)\ T^2}$，该公式与偶数段的公式是不同的。

另外，如选取的研究对象为奇数段，也可以去掉第一段或者最后一段，然后采用偶数段方法进行处理。

7.4　平均点作图法

当满足逐差法处理数据的条件时，由式（7–7）的结论可以推出平均点作图法。将式（7–7）变为

$$\overline{a}_1=\frac{\left[\sum_{i=1}^{n}(y_{l+i}-y_i)/l\right]}{\left[\sum_{i=1}^{n}(x_{l+i}-x_i)/l\right]}=\frac{\frac{1}{l}\sum_{i=1}^{n}y_{l+i}-\frac{1}{l}\sum_{i=1}^{n}y_i}{\frac{1}{l}\sum_{i=1}^{n}x_{l+i}-\frac{1}{l}\sum_{i=1}^{n}x_i}=\frac{\overline{y}_B-\overline{y}_A}{\overline{x}_B-\overline{x}_A} \tag{7-12}$$

式中$\overline{y}_B$，$\overline{x}_B$，$\overline{y}_A$，$\overline{x}_A$分别是y和x前一般和后一般的平均值。

它们称为 A 和 B 的平均点坐标，而$B(\overline{x}_B,\overline{y}_B)$及$A(\overline{x}_A,\overline{y}_A)$则称为平均点。于是，平均点作图法可描述为：把测量数据分成数目相等的前后两组，求出平均点 A 及 B，然后通过两点作直线即为所求。

由上所述，平均点作图法的运用条件并不限于逐差法处理数据的条件，只要满足线性关系就可采用。而当实测点数为奇数时，如果将其中间的一组测量数据去点后，然后平均分成两份，也可采用平均点作图法。

平均点作图法的优点在于：直线唯一确定以及可以充分利用全部测量数据。

7.5　最小二乘法

在物理实验中经常要观测两个有函数关系的物理量。根据两个量的多组观测数据来确定它们的函数曲线，这就是实验数据处理中的曲线拟合问题。这类问题通常有两种情况：一种是两个观测量x与y之间的函数形式已知，但一些参数未知，需要确定未知参数的最佳估计值；另一种是x与y之间的函数形式未知，需要找出

它们之间的经验公式。后一种情况常假设x与y之间的关系是一个待定的多项式，多项式系数就是待定的未知参数，从而可采用类似于前一种情况的处理方法。

7.5.1 最小二乘法原理（least squares）

在两个观测量中，总有一个量的精度远高于另一个量，为简单起见把精度较高的观测量看作没有误差，并把这个观测量选作x，而把所有的误差只认为是y的误差。设x与y的函数关系为以下理论公式

$$y = f(x;\ c_1,\ c_2,\ \cdots,\ c_m) \tag{7-13}$$

其中c_1，c_2，…，c_m是m个要通过实验确定的参数。对于每组观测数据（x_i, y_i）（i=1，2，…，N），都对应于XY平面上一个点。若不存在测量误差，则这些数据点都应准确落在理论曲线上。只要选取m组测量值代入上式，便可得到方程组

$$y_i = f(x;\ c_1,\ c_2,\ \cdots,\ c_m) \tag{7-14}$$

式中：$i=1$，2，…，m，求m个方程的联立解即得m个参数的数值。显然当$N < m$时，参数不能确定。

在$N > m$的情况下，式（7–14）成为矛盾方程组，不能直接用解方程的方法求得m个参数值，只能用曲线拟合的方法来处理。设测量中不存在系统误差，或者说已经修正，则y观测值y_i围绕着期望值$< f(x;\ c_1,\ c_2,\ \cdots,\ c_m) >$摆动，其分布为正态分布，则$y_i$的概率密度（高斯分布函数）为

$$p(y_i) = \frac{1}{\sqrt{2\pi}\sigma_i}\exp\left\{-\frac{\left[y_i - \langle f(x;\ c_1,\ c_2,\ \cdots,\ c_m)\rangle\right]^2}{2\sigma_i^2}\right\}$$

式中：σ_i是分布的标准误差。为简便起见，下面用C代表（c_1，c_2，…，c_m）。考虑到每次测量都是相互独立的，故观测值（y_1，y_2，…，y_N）的似然函数

$$L = \frac{1}{(\sqrt{2\pi})^N \sigma_1\sigma_2\cdots\sigma_N}\exp\left\{-\frac{1}{2}\sum_{i=1}^{N}\frac{\left[y_i - f(x;\ C)\right]^2}{\sigma_i^2}\right\}$$

取似然函数L最大来估计参数C，应使

$$\sum_{i=1}^{N}\frac{1}{\sigma_i^2}\left[y_i - f(x_i;\ C)\right]^2\Big| = \min \tag{7-15}$$

取最小值：对于y的分布不限于正态分布来说，式（7–15）称为最小二乘法准则。若为正态分布的情况，则最大似然法与最小二乘法是一致的。因权重因子$\omega_i = 1/\sigma_i^2$，故式（7–15）表明，用最小二乘法来估计参数，要求各测量值y_i的偏差的加权平方和最小。

根据式（7–15）的要求，应有

$$\frac{\partial}{\partial c_k}\sum_{i=1}^{N}\frac{1}{\sigma_i^2}\left[y_i - f(x_i;\ C)\right]^2\Big|_{c=\hat{c}} = 0 \quad (k=1,\ 2,\ \cdots,\ m)$$

从而得到方程组：

$$\sum_{i=1}^{N}\frac{1}{\sigma_i^2}\left[y_i - f(x_i;\ C)\right]\frac{\partial f(x;\ C)}{\partial C_k}\Big|_{c=\hat{c}} = 0 \quad (k=1,\ 2,\ \cdots,\ m) \qquad (7\text{-}16)$$

解方程组（7–16），即得m个参数的估计值$\hat{c}_1$，$\hat{c}_2$，$\cdots$，$\hat{c}_m$，从而得到拟合的曲线方程$f\left(x;\ \hat{c}_1,\ \hat{c}_2,\ \cdots,\ \hat{c}_m\right)$。

然而，对拟合的结果还应给予合理的评价。若y_i服从正态分布，可引入拟合的η^2量，其中η为自由度。

$$\eta^2 = \sum_{i=1}^{N}\frac{1}{\sigma_i^2}\left[y_i - f(x_i;\ C)\right]^2 \qquad (7\text{-}17)$$

把参数估计$\hat{c} = (\hat{c}_1,\ \hat{c}_2,\ \cdots,\ \hat{c}_m)$代入上式并比较式（7–15），便得到最小的$\eta^2$值：

$$\eta_{\min}^2 = \sum_{i=1}^{N}\frac{1}{\sigma_i^2}\left[y_i - f(x_i;\ \hat{c})\right]^2 \qquad (7\text{-}18)$$

可以证明，$\eta_{\min}^2$服从自由度$v = N - m$的η^2分布，由此可对拟合结果作ε^2检验。由η^2分布得知，随机变量$\eta_{\min}^2$的期望值为$N - m$。如果由式（7–18）计算出$\eta_{\min}^2$接近$N - m$（例如$\eta_{\min}^2 \leqslant N - m$），则认为拟合结果是可接受的；如果$\sqrt{\eta_{\min}^2} - \sqrt{N - m} > 2$，则认为拟合结果与观测值有显著的矛盾。

7.5.2 一元线性回归

假设所研究的变量只有两个：x和y，且它们之间存在着线性相关关系，是一

元线性方程$y = a_0 + a_1 x$。实验测量的一组数据是

$$x: x_1,\ x_2,\ x_3,\ \cdots,\ x_m$$
$$y: y_1,\ y_2,\ y_3,\ \cdots,\ y_m$$

需要解决的问题是：根据所测得的数据，如何确定$y = a_0 + a_1 x$中的常数a_0和a_1。实际上，相当于作图法求直线的斜率和截距。

由于实验点不可能都同时落在$y = a_0 + a_1 x$表示的直线上，为使讨论简单起见，限定：

（1）所有测量值都是等精度的，只要实验中不改变实验条件和方法，这个条件就可以满足；

（2）只有一个变量有明显的随机误差，因为x_i和y_i都含有误差，把误差较小的一个作为变量x，就可满足该条件。

假设在$y = a_0 + a_1 x$中的x和y，是在等精度条件下测量的，且y有偏差，记作ε_1，ε_2，ε_3，…，ε_m。

把实验数据$(x_1,\ y_1), (x_2,\ y_2),\ \cdots, (x_m,\ y_m)$代入$y = a_0 + a_1 x$后得

$$\begin{cases} \varepsilon_1 = y_1 - y = y_1 - a_0 - a_1 x_1 \\ \varepsilon_2 = y_2 - y = y_2 - a_0 - a_1 x_2 \\ \ \vdots \qquad \vdots \qquad\qquad \vdots \\ \varepsilon_m = y_i - y = y_i - a_0 - a_1 x_i \end{cases}$$

其一般式为

$$\varepsilon_i = y_i - y = y_i - a_0 - a_1 x_i \tag{7-19}$$

ε_i的大小与正负表示实验点在直线两侧的分散程度，ε_i的值与a_0和a_1的数值有关。根据最小二乘法的思想，如果a_0和a_1的值使$\sum\limits_{i=1}^{m} \varepsilon_i^2$最小，那么，（7–19）式就是所拟合的直线，即由式：

$$\sum_{i=1}^{m} \varepsilon_i^2 = \sum_{i=1}^{m} (y_i - a_0 - a_1 x_i)^2 \tag{7-20}$$

对a_0和a_1求一阶偏导数，且使其为零得：

$$\begin{cases} \dfrac{\partial}{\partial a_0}\left(\sum_{i=1}^{m}\varepsilon_i^2\right) = -2\sum_{i=1}^{m}(y_i - a_0 - a_1x_i) = 0 \\ \dfrac{\partial}{\partial a_1}\left(\sum_{i=1}^{m}\varepsilon_i^2\right) = -2\sum_{i=1}^{m}[(y_i - a_0 - a_1x_i)\ x_i] = 0 \end{cases} \tag{7-21}$$

联立求解，可得

$$\begin{cases} a_1 = \dfrac{\sum(x_i - \overline{x})\ y_i}{\sum(x_i - \overline{x})^2} \\ a_0 = \overline{y} - a_1\overline{x} \end{cases} \tag{7-22}$$

要对上述解进行简化，可令：

$\overline{x}$为x的平均值，即$\overline{x} = \dfrac{1}{m}\sum_{i=1}^{m}x_i$， $\overline{y}$为y的平均值，即$\overline{y} = \dfrac{1}{m}\sum_{i=1}^{m}y_i$；

$\overline{x^2}$为x^2的平均值，即$\overline{x^2} = \dfrac{1}{m}\sum_{i=1}^{m}x_i^2$，$\overline{xy}$为$xy$的均值，即$\overline{xy} = \dfrac{1}{m}\sum_{i=1}^{m}x_iy_i$。

代入（7–15）式中得

$$\begin{cases} \overline{y} - a_0 - a_1\overline{x} = 0 \\ \overline{xy} - a_0\overline{x} - a_1\overline{x^2} = 0 \end{cases}$$

解方程组得

$$\begin{cases} a_1 = \dfrac{\overline{xy} - \overline{x}\cdot\overline{y}}{\overline{x^2} - \overline{x}^2} \\ a_0 = \overline{y} - A_1\overline{x} \end{cases} \tag{7-23}$$

7.5.3　拟合结果的偏差

由于直线参数的估计值a_0和a_1是根据有误差的观测数据点计算出来的，因此它们不可避免地存在着偏差。同时，各个观测数据点不是都准确地落在拟合线上的，因此观测值y_i与对应于拟合直线上的$\hat{y}_i$之间也存在着偏差。

首先讨论测量值y_i的标准差S。考虑式（7–18），因等精度测量值y_i所有的σ_i都相同，可用y_i的标准偏差S来估计，故该式在等精度测量值的直线拟合中应表示为

$$\eta_{\min}^2 = \frac{1}{S^2}\sum_{i=1}^{N}\left[y_i - \left(\hat{a}_0 + \hat{a}_1 x\right)\right]^2 \tag{7-24}$$

已知测量值服从正态分布时，$\eta_{\min}^2$服从自由度$v = N-2$的x^2分布，其期望值：

$$\left\langle \eta_{\min}^2 \right\rangle = \left\langle \frac{1}{S^2}\sum_{i=1}^{N}\left[y_i - \left(\hat{a}_0 + \hat{a}_1 x_i\right)\right]^2 \right\rangle = N-2$$

由此可得y_i的标准偏差：

$$S = \sqrt{\frac{1}{N-2}\sum_{i=1}^{N}\left[y_i - \left(\hat{a}_0 + \hat{a}_1 x_i\right)\right]^2} \tag{7-25}$$

这个表示式不难理解，它与贝塞尔公式是一致的，只不过这里计算S时受到两参数$\hat{a}_0$和$\hat{a}_1$估计式的约束，故自由度变为$N-2$。

式（7-25）所表示的S值又称为拟合直线的标准偏差，它是检验拟合结果是否有效的重要标志。如果在XY平面上作两条与拟合直线平行的直线：

$$\begin{cases} y' = \hat{a}_0 + \hat{a}_1 x - S \\ y'' = \hat{a}_0 + \hat{a}_1 x + S \end{cases}$$

全部观测数据点（x_i, y_i）的分布如图 7-14 所示，约有 68.3% 的点落在这两条直线之间。

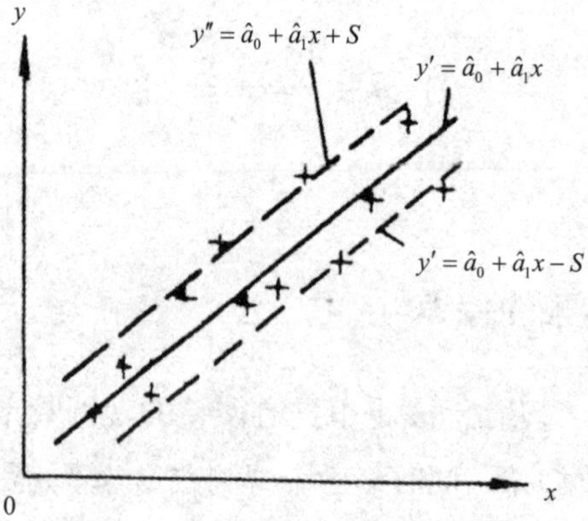

图 7-14　拟合直线两侧数据点的分布

下面讨论拟合参数偏差，由式（7-22）和（7-23）可见，直线拟合的两个参数估计值$\hat{a}_0$和$\hat{a}_1$是y_i的函数。因为假定x_i是精确的，所有测量误差只与y_i有关，故两

个估计参数的标准偏差可利用不确定度传递公式求得，即

$$\begin{cases} S_{a_0} = \sqrt{\sum_{i=1}^{N}\left(\dfrac{\partial \hat{a}_0}{\partial y_i}S\right)^2} \\ S_{a_1} = \sqrt{\sum_{i=1}^{N}\left(\dfrac{\partial \hat{a}_1}{\partial y_i}S\right)^2} \end{cases}$$

把式（7–22）和（7–23）分别代入以上两式，便可计算得

$$S_{a_0} = S\sqrt{\frac{\sum x_i^2}{N\left(\sum x_i^2\right)-\left(\sum x_i\right)^2}} \tag{7-26}$$

$$S_{a_1} = S\sqrt{\frac{N}{N\left(\sum x_i^2\right)-\left(\sum x_i\right)^2}} \tag{7-27}$$

7.5.4　相关系数r

以上所讨论的都是实验在已知的函数形式下进行时，由实验的测量数据求出的回归方程。因此，在函数形式确定以后，用回归法处理数据，其结果是唯一的，不会像作图法那样因人而异。可见用回归法处理数据的关键是函数形式的选取。

但是当函数形式不明确时，要通过测量值来寻求经验公式，只能靠实验数据的趋势来推测。对同一组实验数据，不同的工作者可能会选取不同的函数形式，得出不同的结果。

为了判断所得结果是否合理，在待定常数确定以后，还需要计算相关系数（也称为皮尔森相关系数），两个变量之间的皮尔逊相关系数定义为两个变量之间的协方差和标准差的商，即

$$\rho_{xy} = \frac{Cov(x,\ y)}{\sigma_x \sigma_x} = \frac{E(x_i - X)\ (x_i - X)}{\sigma_x \sigma_x}$$

上式定义了总体相关系数。估算样本的协方差和标准差，可得到皮尔逊相关系数，常用英文小写字母r代表，r定义为

$$
\begin{aligned}
r &= \frac{\sum(x_i-\overline{x})\quad(y_i-\overline{y})}{\sqrt{\sum(x_i-\overline{x})^2\cdot\sum(y_i-\overline{y})^2}} \\
&= \frac{\sum x_i y_i \text{-}\overline{y}\sum x_i \text{-}\overline{x}\sum y_i + N\overline{xy}}{\sqrt{(\sum x_i x_i - 2\overline{x}\sum x_i + N\overline{x}^2)\cdot(\sum y_i y_i - 2\overline{y}\sum y_i + N\overline{y}^2)}}
\end{aligned}
\tag{7-28}
$$

相关系数r的数值大小反映了相关程度的好坏。可以证明$|r|$的值介于 0 和 1 之间，$|r|$值越接近于 1，说明实验数据在求得的直线附近越密集，x和y之间存在着线性关系，用线性函数进行回归比较合理。相反，如果$|r|$值远小于 1 而接近 0，说明实验数据在求得的直线附近很分散，x和y之间不存在线性关系，即用线性回归不妥，必须用其他函数重新试探。在物理实验中，一般当$|r|\geqslant 0.9$时，就认为两个物理量之间存在较密切的线性关系。

另外，根据r定义的表达式，可以对（7–26）和（7–27）进行改写，可得

$$
S_{a_0} = \sqrt{\frac{\sum x_i^2}{N}}\cdot S_{a_1} \tag{7-29}
$$

$$
S_{a_1} = \sqrt{\frac{(1-\gamma^2)}{(N-2)}}\cdot\frac{a_1}{r} \tag{7-30}
$$

7.5.5 把非线性相关问题变换成线性相关问题

在实际问题中，当变量间不是直线关系时，可以通过适当的变量变换，把不少曲线问题变换成线性相关问题。需要注意的是，变换不一定满足等精度的限定条件，可能还会产生一些新的问题。遇到这类情况应采取更恰当的曲线拟合方法。

下面举几例说明。

（1）若函数为$x^2+y^2=C$，其中 C 为常数，令

$$
X = x^2,\ Y = y^2
$$

则有

$$
Y = C - X
$$

（2）若函数为$y=\dfrac{x}{a+bx}$，其中，a、b 为常数，将原方程化为$\dfrac{1}{y}=b+\dfrac{a}{x}$，令

$$Y=\frac{1}{y},\ x=\frac{1}{x}$$

则有

$$Y=b+aX$$

7.5.6　案例分析

【例 2】用作图法例子中电阻丝电阻值随温度变化的实验数据，结合最小二乘法做以下内容：

（1）线性拟合，并写出直线方程：

（2）求出电阻温度系数a和 0℃时的电阻R_0。

（3）求出相关系数r，评价相关程度。

解：金属导体的电阻和温度的关系为

$R=R_0(1+at)=R_0+aR_0t$，令

$$y=R,\ x=t,\ A_0=R_0,\ A_1=aR_0$$

上式可变为

$$y=A_0+A_1x$$

例中的实验数据填入下表，并进行计算，结果如表 7–6 所示。

表 7–6　数据结果

i	t/℃	R/Ω	t_i^2	R_i^2	t_iR_i
1	15.0	28.05	225.0	786.8	420.8
2	20.0	28.52	400.0	813.4	570.4
3	25.0	29.10	625.0	846.8	727.5
4	30.0	29.56	900.0	873.8	886.8
5	35.0	30.10	1225	906.0	1054
6	40.0	30.57	1600	934.5	1223
6	45.0	31.00	2025	961.0	1395

续表

i	t/℃	R/Ω	t_i^2	R_i^2	t_iR_i
7	50.0	31.62	2500	999.8	1581
平均值	32.5	29.815	1187.5	890.269	982.219

由上表可得

$$\bar{x} = 32.5 \qquad \overline{x^2} = 1187.5$$
$$\bar{y} = 29.815 \qquad \overline{y^2} = 890.269$$
$$\overline{xy} = 982.219$$

代入（6–7）式中得

$$aR_0 = \frac{\overline{xy} - \bar{x} \cdot \bar{y}}{\overline{x^2} - \bar{x}^2} = 0.101$$
$$R_0 = \bar{y} - A_1 \bar{x} = 26.5$$

故函数关系为

$$R = 26.5 + 0.101t$$

其中，$R_0 = 26.5$（Ω），$a = \frac{R_0 a}{\bar{R}_0} = \frac{0.101}{26.5} = 3.81 \times 10^{-3}$（1/℃）

又由（7–17）式可得

$$r = \frac{\overline{xy} - \bar{x} \cdot \bar{y}}{\sqrt{(\overline{x^2} - \bar{x}^2)(\overline{y^2} - \bar{y}^2)}} = 0.9995$$

由r值可见，R与t之间有着较好的线性关系，即相关程度较好。

用最小二乘法与用作图法求得的$R-t$之间的关系有一定的差别，这说明作图法有一定的随意性。

【例 3】用惯性秤测惯性质量实验数据处理对比。

（1）该实验的基本原理如下。

周期T与惯性劲度k与空称质量m_0的关系：$T_0 = \frac{4\pi^2}{k} m_0$。

周期T与惯性劲度k与空称质量m_0和不同负载m的关系：$T = 2\pi\sqrt{\frac{m_0 + m}{k}}$

为将上述式子用直线关系进行表达，则可两边平方，即

$$T^2 = \frac{4\pi^2}{k} m_0 + \frac{4\pi^2}{k} m$$

这样T^2与惯性劲度k与合在砝码质量m成正比，这样通过$T^2 - m$的线性拟合，得到斜率及截距，间接求出k与m_0。

（2）实验测量。实验中为减少单次测量周期引起的误差，采用 30 个周期为一个计数单位，测量不同m时的振动周期，数据如表 7–7 所示。

表 7–7　不同 m 时的振动周期数据

砝码m /kg	测量数据			计算后数据		
	$30T_1$ /s	$30T_2$ /s	$30T_3$（s）	$30T_平$ /s	$T_平$ /s	T^2 /s
0	9.49	9.47	9.46	9.463 333 3	0.315 444	0.099 595
0.025	11.41	11.41	11.41	11.41	0.380 333	0.144 653
0.050	13.11	13.12	13.13	13.12	0.437 333	0.191 260
0.075	14.66	14.72	14.71	14.696 667	0.489 889	0.239 991
0.100	16.03	16.02	15.99	16.013 333	0.533 778	0.284 919
0.125	17.38	17.33	17.33	17.346 667	0.578 222	0.334 340
0.150	18.64	18.59	18.61	18.613 333	0.620 444	0.384 951
0.175	19.95	19.79	19.80	19.213 333	0.661 556	0.437 656

（3）数据处理。

①方法 1：非直线拟合。根据$T = 2\pi\sqrt{\frac{m_0 + m}{k}}$，基于表中$T$和$m$的数据，采用 Origin 软件绘制$T - m$图，可得到如 7–15 所示的图形。再选中数据点，按照$T = 2\pi\sqrt{\frac{m_0 + m}{k}}$表达式，采用非线性拟合，其拟合公式表达式为 2 × Pi × （（A+x）/B）^0.5

其中 Pi 是π，A 就是m_0；B 就是k；x 就是m。然后进行拟合，就可得到相应的参数。

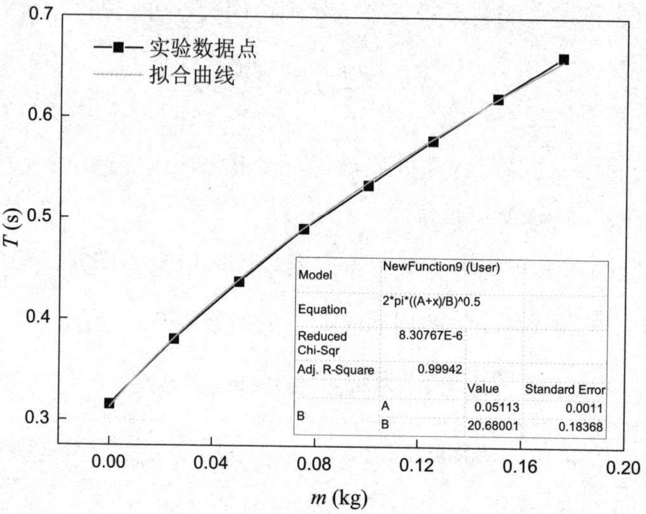

图 7–15　$T-m$ 图

由图中的拟合结果插图可以看出，k 的平均值为 20.680 01，A 类标准不确定度为 0.183 68。根据有效数字的修约规则，可得 k 的表达式：

$$k=\bar{k}\pm u(k)=20.68\pm 0.19$$

同理，也可得到m_0的表达式：

$$m_0=\bar{m}_0\pm u(m_0)=(0.0511\pm 0.0011)\ \text{kg}$$

②方法 2：线性拟合。根据$T^2=\dfrac{4\pi^2}{k}m_0+\dfrac{4\pi^2}{k}m$，绘制如图 7–16 的$T^2-m$图，然后编写拟合公式表达式：4 × Pi^2 × A/B+4 × Pi^2 × x/B，

其中 Pi 是π，A 就是m_0；B 就是 k；x 就是m。然后进行线性拟合，就可得到相应的参数。

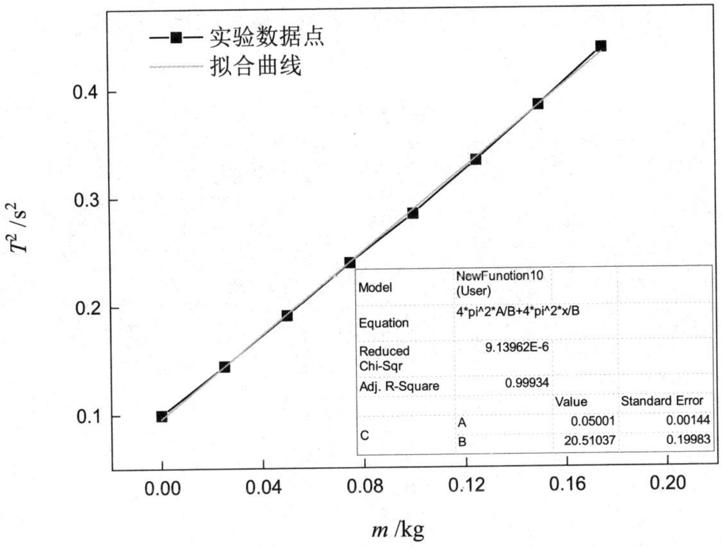

图 7–16　T^2-m 图

由上图可以看出，k 的平均值为 20.510 37，A 类标准不确定度为 0.199 83。根据有效数字的修约规则，可得 k 的表达式：

$$k=\overline{k}\pm u(k)=20.51\pm 0.20$$

由数据处理方法①和②所得到的结果有一定的差别，究竟采用哪个方法更为精确，需要进一步分析。

【例 4】密里根油滴实验数据处理。

（1）静态法的实验原理和实验数据：

$$q=ne=\frac{2.39\times 10^{-14}}{\left[t(1+0.005\sqrt{t})\right]^{\frac{3}{2}}}\frac{1}{V}$$

上式即为静态法测油滴电荷的公式，电压 U 是恰好能够使带电油滴静止在电场中所需的电压，我们称它为平衡电压。因此在调节好平衡电压后，只需要知道油滴通过距离 l 时所用时间 t_g 即可。50 组油滴的平衡电压及通过距离 l 时所用时间 t_g 如表 7–8 所示。

表 7-8　50 组油滴的平衡电压及通过距离 l 时所用时间 t_g

油滴编号	平衡电压/v	$\overline{t}_g$ /s	q_i（×10^{-19}）/C	n 计算值	n 取整数	电子电荷 e_i（×10^{-19}）/C
1	125	13.06	21.30	24.62	25	1.51
2	100	18.23	16.28	18.43	18	1.59
3	103	20.63	12.91	14.95	15	1.61
4	119	14.82	11.06	21.35	21	1.59
5	150	15.01	14.70	16.62	17	1.63
6	165	20.81	8.02	9.20	9	1.60
7	190	15.71	19.62	12.24	12	1.63
8	200	20.02	12.91	8.05	8	1.61
9	214	24.44	8.91	5.56	6	1.48
10	223	23.71	8.95	5.59	6	1.49
11	188	11.22	33.00	20.59	21	1.57
12	220	24.18	8.81	5.49	5	1.76
13	240	30.32	5.73	3.57	4	1.43
14	264	27.53	6.03	3.76	4	1.50
15	12	24.50	158.32	98.83	99	1.60
16	105	7.14	116.95	73.00	73	1.63
17	93	9.16	90.63	56.57	57	1.59
18	31	11.09	203.65	127.12	127	1.60
19	283	17.11	11.57	7.22	7	1.65
20	118	6.44	121.61	75.91	76	1.60
21	25	10.05	293.06	182.94	183	1.60
22	32	9.60	245.37	153.17	153	1.60
23	37	8.10	274.32	171.24	171	1.60
24	9	24.51	210.97	131.69	132	1.59
25	13	21.87	173.63	108.38	108	1.60

续表

油滴编号	平衡电压/v	$\bar{t}_g$/s	$q_i(\times10^{-19})$ /C	n		电子电荷e_i $(\times10^{-19})$ /C
				计算值	取整数	
26	73	8.87	121.22	75.67	76	1.59
27	83	9.95	89.62	56.14	56	1.60
28	81	9.33	101.21	63.18	63	1.61
29	90	6.25	166.82	104.13	104	1.60
30	91	9.34	89.94	56.14	56	1.61
31	335	37.2	3.00	1.88	2	1.50
32	139	6.30	106.72	66.62	67	1.59
33	133	5.16	150.74	94.09	94	1.60
34	40	8.61	231.39	144.44	144	1.61
35	238	30.7	5.67	3.54	4	1.42
36	37	12.24	146.97	91.74	92	1.60
37	41	8.64	224.56	140.18	140	1.60
38	150	15.00	26.65	16.63	17	1.58
39	67	5.61	263.76	164.64	165	1.60
40	43	6.15	357.76	223.32	223	1.60
41	85	4.17	325.2	202.99	203	1.59
42	89	7.17	137.11	85.59	86	1.59
43	77	9.03	111.86	69.82	70	1.59
44	23	9.09	370.75	231.42	231	1.60
45	65	4.47	382.98	239.06	239	1.60
46	57	8.83	156.31	97.57	98	1.59
47	67	11.91	84.58	52.80	53	1.59
48	191	11.23	32.43	20.24	20	1.62
49	231	4.92	93.25	58.20	58	1.61
50	21	14.76	195.05	121.76	122	1.59

（2）软件拟合求电荷。利用 Origin 软件拟合出以整数 n 为横轴：q 为纵轴的二维图像，如图 7–18 所示。

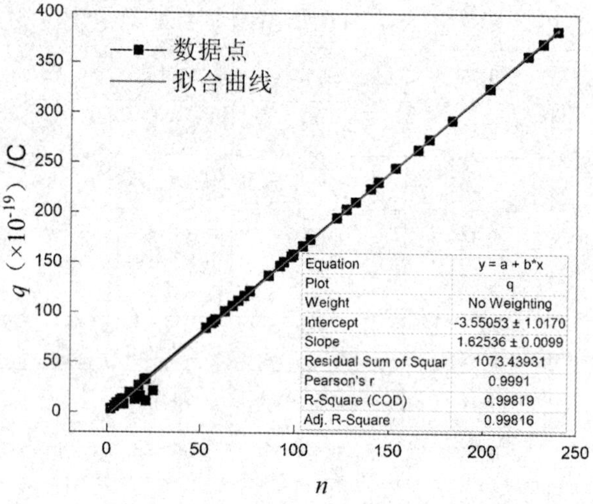

图 7–18　静态法测量油滴电量的 n–q 关系图

根据拟合结果插图，可得斜率$b = 1.625\ 36$，截距$a = -3.550\ 53$，此斜率即为基本电荷电量的实验值e，即$e = 1.625\ 36\times 10^{-19}$ C。根据有效数字的修约规则，可得e的表达式：

$$e = \bar{e} \pm u(e) = (1.625 \pm 0.010) \times 10^{-19}\mathrm{C}$$

（3）间接测量求电荷。根据表中数据，可得$\overline{U} = 131.766\ 67$ V，$\overline{t_g} = 16.673\ 33$ s。同时，根据表中 50 组油滴的电荷值得出平均值为

$$\bar{e} = \frac{\sum e_i}{50} = 1.589$$

U 的标准不确定度为

$$u(\overline{U}) = \sqrt{\frac{\sum(U_i - \overline{U})^2}{n(n-1)}} = 11.52$$

t_g的标准不确定度为

$$u(\overline{t_g}) = \sqrt{\sum\left(t_{gi} - \overline{t_g}\right)^2 / \left[n(n-1)\right]} = 1.13$$

根据合成标准不确定度的公式，可推出间接测量 q 的标准不确定度：

$$u(q)=\sqrt{\left(\frac{\partial q}{\partial V}\right)^2 u^2(\overline{U})+\left(\frac{\partial q}{\partial t_g}\right)^2 u^2(\overline{t_g})}=0.49\times10^{-19}\ \text{C}$$

计算得出 e 的标准不确定度为

$$u(e)=0.0064\times10^{-19}\ \text{C}$$

利用静态平衡法测得的基本电荷量为

$$e=\bar{e}\pm u(e)=(1.589\pm0.007)\times10^{-19}\text{C}$$

由 Origin 拟合得出电荷量的相对误差为

$$E_2=\frac{|e-e_0|}{e_0}\times100\%=\frac{|1.625-1.602|}{1.602}\times100\%=1.436\%$$

由间接测量法得电荷量的相对误差为

$$E_1=\frac{|e-e_0|}{e_0}\times100\%=\frac{(1.602-1.589)\times10^{-19}C}{1.602\times10^{-19}C}\times100\%=0.811\%$$

可以看出，两者数据与公认数值的相对误差都在可接受的范围内，但明显采用 Origin 软件作图分析的数据处理法更为方便快捷。

（4）电荷测量的分布分析。在 50 次测量中，电荷值出现的次数如表 7–9 所示。

表 7–9　电荷值出现次数表

电荷 e （$\times10^{-19}$）/C	出现次数 n	电荷 e （$\times10^{-19}$）/C	出现次数 n	电荷 e （$\times10^{-19}$）/C	出现次数 n
1.42	1	1.57	1	1.62	1
1.43	1	1.58	1	1.63	3
1.48	1	1.59	12	1.65	1
1.49	1	1.6	17	1.76	1
1.5	2	1.61	6	1.42	1

按照高斯正态分布公式$y=y_0+\left[A/w\cdot\sqrt{\frac{\pi}{2}}\right]\cdot\exp\left[-2\times(x-x_c)/w\right]^2$，对数据点

进行拟合。其操作为选中数据点后，在菜单栏的“Analysis”中选中“Non-linear Fit”，然后在拟合函数对话框中输入“$y=y_0+(A/(w\times \mathrm{sqrt}(\mathrm{P_I}/2)))\times \exp(-2\times((x-x_c)/w)$^2)”，或者直接选取软件带有的“Gauss”函数，然后进行拟合，即可得到 7–19 图中的规定颜色拟合曲线。

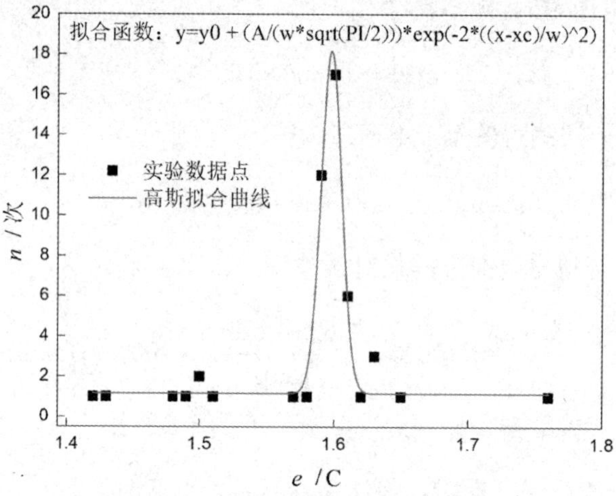

图 7–19　静态法$n-e$的高斯拟合图像

拟合的相关参数如表 7–10 所示。从表中可以看出拟合相关因子r为 0.974 56，这表明拟合的相关度较高，实验测量结果的正态分布较明显。

表 7–10　拟合的相关参数

数	拟合值	标准差
y_0	1.165 57	0.216 52
x_c	1.597 55	4.13E-04
w	0.015 18	8.66E-04
A	0.323 51	0.01743
sigma	0.007 59	—
FWHM	0.017 87	—
Height	17.006 97	—
Adj. R-Square	0.974 56	—

第 8 章　Excel 在物理实验数据处理中的应用

8.1　常用函数用法

在用 Excel 对物理实验数据进行处理时需要编写相关公式的计算机程序，这要求研究者要透彻理解相关知识点，也需要研究者熟练掌握 Excel 常用函数的用法，常用函数的用法及其功能如表 8–1。

表 8–1　Excel 用于数据处理常用函数注解

常用函数	函数的用法及功能
COUNTIF（范围，条件）	返回在范围内符合条件的单元格数
AVERAGE（范围）	返回范围数值的平均值
STDEV（范围）	样本的估算标准偏差，它反映了抽检数据相对于平均值（mean）的离散程度，即所计算的范围只是全部数据的一部分，对应公式是 $\sum_{i=1}^{n}\sqrt{\frac{(x_i-\bar{x})^2}{n-1}}$
STDEVA（范围）	样本的估算标准偏差，反映了样本总体相对于平均值（mean）的离散程度。在纯数值情况下，该函数与 STDEV 计算结果一样，但有逻辑函数（TRUE/）和文本时，STDEVA 将 TRUE 换成 1，将和文本换成 0 计算
STDEVP（范围）	基于样本估算标准偏差，反映全部数值相对于平均值（mean）的离散程度，即对全部测量数据进行处理，对应公式是 $\sum_{i=1}^{n}\sqrt{\frac{(x_i-\bar{x})^2}{n}}$
STDEVPA（范围）	在 STDEVP 的基础上，增加了逻辑和文本的处理，同 STDEVA 中 A 的功能一样
SQRT（数字）	开放运算，类似于（数字）^0.5

续表

常用函数	函数的用法及功能
MID（text, start_num, num_chars）	从一个字符串 text 中截取出指定数量的字符，其中 start_num 指从左起第几位开始截取（必选）；num_chars 指要向右截取的长度，省略则截取至最后一位，注意 ±、小数点也算 1 位。
text（value, format_text）	将 Value 转换为自己所需文本格式，Format_text 为目标文本格式
ABS（value）	对 value 取绝对值，即|value|
TYPE（value）	对 value 判断类型，并返回相应值。当 value 的类型分别为数值、文本、逻辑值、误差值、数组时，返回的值分别为 1、2、4、16、64
FIND（text,within_text, start_num）	对要查找的文本进行定位，以确定其位置。在 within_text 范围文本或者单元格中，查找目标文本 text，start_num 表示从第几个字符开始查找，省略默认为 1，从第一个开始查找
SIGN（number）	用于返回数字 number 的符号。当 number 为正数时，则返回 1；number 为 0 时，则返回 0；当 number 为负数时，则返回－ 1
IF（AND（logical1,logical2,...）,true,false）	指两个以上条件都具备的情况下，作出“True”和“False”的判断，并执行后面的“true”或者“false”
ISERROR（expression）	表示一个数值表达式是否错误。若参数（expression）错误，则函数表示 TRUE，反之为 FALSE。通常同 IF 语句连用，如 IF（ISERROR（expression）,TRUE,FALSE）
REPT（text，number_times）	一次性输入 number_times 个文本（text）
MOD（number_1，number_2）	用于返回两数相除 number_1/number_2 的余数，返回结果的符号与除数的符号相同
ROUND（value，number）	返回 value 四舍五入的结果，number 代表保留的小数位数。如 value 大于 0，则将数字四舍五入到指定的小数位。如 value 等于 0，则将数字四舍五入到最接近的整数。如 value 小于 0，则在小数点左侧进行四舍五入。
ROUNDUP（value，number）	按指定位数向上取舍，即无论后面的数字是什么，取舍位都加 1，如 ROUNDUP（2.5100，2）的结果是 2.52
ROUNDDOWN（value，number）	按指定位数舍去数字指定位数后面的小数。如 rounddown（3.158,2）的结果是 3.15
MROUND（number,multiple）	将数值舍入到指定基数的倍数
LEFT（text,num_chars）	对单元格或者文本、数字内容进行截取，从左边第一个字符开始截取，截取指定的长度
RIGHT（（text,num_chars）	对单元格或者文本、数字内容进行截取，从右边第一个字符开始截取，截取指定的长度

续表

常用函数	函数的用法及功能
SUMPRODUCT（范围 _1，范围 _12）	在给定的几组数据中，将数据间对应的元素相乘，并返回乘积之和，对应公式$\sum_{i=1}^{n} x_i y_i$
INDIREC（“A” &number）	间接引用 A 列 number 行单元格的值

8.2　直接测量与间接测量的数据处理

8.2.1　直接测量数据处理

如间接测量密度$\rho = \dfrac{m}{m - m_1}\rho_0$，则需要直接测量$m$、$m_1$、$\rho_0$。$m$的数据放在工作表 sheet 的名称为“$m$”。表 8–2 是$m$的测量数据计算表格。第一行为标题行，测量数据放在 A 列，第一个数据在 A2 位置，B 列为计算参数名，C 列为计算结果，D 列为各参数单位，最后一列是注解。具体如表 8–2 所示。

表 8–2　质量m多次直接测量结果与计算

	A	B	C	D	E
1	原始数据	参数	结果	单位	涉及的主要函数
2	52.9553	实验数值个数	6		COUNTIF
3	52.9559	平均值	52.955 56	g	AVERAGE
4	52.9561				
5	52.955	置信概率（输入）	0.683		根据要求输入 或者从下拉菜单中选择
6	52.9555	置信系数（输入）	1.11		根据测量次数，输入置信概率系数，或者自动获取置信系数
7	52.955	A 类不确定度计算值	0.000 197 568	g	STDEVP
8		实验 B 类不确定	7.45356E-05	g	SQRT

续表

9		合成不确定度	0.000 211 16	g	SQRT
10	空行				
11		不确定度有效位数	2		MID，TEXT，ABS
12		平均值有效位数	7		TYPE，FIND
13		*m*不确定度	0.000 21	g	SIGN，IF（AND），MOD，ROUNDDOWN，LEFT，RIGHT
14		*m*平均值	52.955 56		
15		*m*实验结果	52.955 56 ± 0.000 21	g	&

上表中计算结果，即 C 列的具体计算程序及注解如表 8–3 所示。关于如何通过下拉菜单实现执行概率选取，首先将表 3–1 粘贴于 Excel 某个工作表中，可以先选取置信系数单元格，然后点击 Excel 表格菜单栏中“数据”中“有效性”，“序列”选项数据来源选择 3–1 表格中的置信系数行，就可以通过下拉菜单实现执行概率选取功能。有了测量次数和置信概率，就可以用 HLOOKUP 函数和 MATCH 函数组合的方式，自动查找对应置信系数。

表 8–3　质量*m*多次直接测量计算过程注解

计算参数	计算注解
实验数值个数	=COUNTIF（A2:A1001，“<>”），（<> 代表非空） * 将计算结果放在 C3
平均值	=AVERAGE（$A$2:INDIRECT（“a” &$C$3+1）） * 求出直接测量数据的平均值，范围是从第一个数据 A2 到最后一个数据 A（实验数据个数 +1），因为第一行是参数信息行
A 类不确定度计算值	=C7*STDEVP（$A$2:INDIRECT（“a” &$C$3+1））/（（$C$3-1）^0.5） *C7 是置信系数所在的单元格
实验 B 类不确定	=SQRT（F6^2+I6^2+L6^2） * 将带概率系数的各种 B 类不确定度放在 F6、I6、L6 单元格
合成不确定度	=SQRT（C8^2+C9^2） * 将带概率系数的 A 类和 B 类不确定度放在 C8 和 C9 单元格
不确定度有效位数	=IFERROR（IF（VALUE（MID（TEXT（ABS（$C$8），“0.0000000000000E+000”），1，1））<=2，2，1），2） * 先将目标值写成小数点前 1 位数，小数点后 14 位数的科学计数形式，然后按照第一个非零数字≥3时取 1 位有效数字，≤2保留两位有效数字的规则进行编写

续表

计算参数	计算注解
平均值有效位数	=IF（TYPE（FIND（"."，C$14））=1，FIND（"."，C$4）+LEN（C$14）-FIND（"."，C$14）-1，IF（TYPE（FIND（"."，C$4））=1，FIND（"."，C$4）-1，LEN（C$4））） * 按照平均值最末一位同不确定度最末一位位数对齐的原则编写
*m*不确定度	=SIGN（$C$10）*（IF（AND（MID（TEXT（ABS（$C$10），"0.00000000000000E+000"），$C$12+2，1）="5"，MOD（MID（TEXT（ABS（$C$10），"0.00000000000000E+000"），$C$12+（$C$12>1），1），2）=0），ROUNDDOWN（LEFT（TEXT（ABS（$C$10），"0.00000000000000E+000"），16），$C$12-1），ROUND（LEFT（TEXT（ABS（$C$10），"0.00000000000000E+000"），16），$C$12-1））&RIGHT（TEXT（ABS（$C$10），"0.00000000000000E+000"），5）） * 注解见表 4
*m*平均值	=SIGN（$C$4）*（IF（AND（MID（TEXT（ABS（$C$4），" 0.00000000000000E+000"），$C$13+2，1）=" 5"，MOD（MID（TEXT（ABS（$C$4），" 0.00000000000000E+000"），$C$13+（$C$13>1），1），2）=0），ROUNDDOWN（LEFT（TEXT（ABS（$C$4），" 0.00000000000000E+000"），16），$C$13-1），ROUND（LEFT（TEXT（ABS（$C$4），" 0.00000000000000E+000"），16），$C$13-1））&RIGHT（TEXT（ABS（$C$4），" 0.00000000000000E+000"），5）） * 计算方法同上
*m*实验结果	=C15&"±"&C14 * 将平均值和不确定度放在一起，写成标准形式

上表中*m*不确定度计算程序及注解如表 8–4 所示。

表 8–4　质量*m*四舍六入五凑偶的程序

计算程序	计算注解
SIGN（$D$4）*	用 1，-1，或者 0 去乘以后算计算的数，最后以常规数值表示，科学记数法要转化为常规数值
IF（AND（条件 1，条件 2⋯.），，）	if 多条件语句
（MID（TEXT（ABS（$C$10），" 0.00000000000000E+000"），$C$12+2，1）=" 5"，	条件 1 * 首先将目标值写成小数点前 1 位数，小数点后 14 位数的科学计数形式；然后从左边起且比目标值保留有效位数多 2 的位置开始截取 1 个数字（小数点算 1 位，因此这里是多 2）。最后判断这个数字是否等于 5

续表

计算程序	计算注解
MOD（MID（TEXT（ABS（$C$10），" 0.0000000000000E+000"），$C$12+（$C$12>1），1），2）=0），	条件 2 * 首先将目标值首先写成小数点前 1 位数，小数点后 14 位数的科学记数形式；然后从左边起且比目标值保留有效位数多 1 位开始，然后截取该数。最后判断该值是否为偶数
ROUNDDOWN（LEFT（TEXT（ABS（$C$10），" 0.00000000000000E+000"），16），$C$12-1），	条件 1 和 2 成立，则执行该命令 * 如果目标值科学记数法保留有效位数最后一位是偶数，且后一位是 5 时，直接舍去 5 及其后面的数字，此时的结果是小数点前 1 位的形式
ROUND（LEFT（TEXT（ABS（$C$10），" 0.00000000000000E+000"），16），$C$12-1））	条件 1 和 2 不成立，则执行命令 * 如果条件 1 和 2 不成立，则科学记数法目标值按照四舍六入的原则，小数点后的位数是保留位数减 1，因为小数点前有一个非零数字，此时结果形式同上
&RIGHT（TEXT（ABS（$C$10），" 0.00000000000000E+000"），5））	将目标值的科学记数法中 10^n 用 E+0...（n 个零）或者 E-0...（n 个零）表示

8.2.2 直接测量的 B 类不确定度计算

如果测量 m 中，用到天平、砝码、游码等，且它们的最大示值误差、误差极限系数等因仪器而定，置信概率和置信系数也需根据实验者的要求而定，那么这些参数需手动输入。因此，在表格中可以设置不同颜色。如表 8–5 所示，给出了 B 类不确定度计算实例，计算结果分别放在 F6、I6、L6。

表 8–5　质量 m 直接测量中各仪器的不确定度计算

	E	F	G	H	I	J	K	L
1	仪器 B 类不确定度计算							
2	测量仪器 1 名称	天平		测量仪器 2 名称	砝码		测量仪器 3 名称	游码
3	$\Delta_{仪}$（输入）	0.0001		$\Delta_{仪}$（输入）	0.0002		$\Delta_{仪}$（输入）	
4	系数 C（输入）	3		系数 C（输入）	3		系数 C（输入）	
5	置信系数（输入）	1		置信系数（输入）	1		置信系数（输入）	
6	B 类不确定 1	3.3333E-05		B 类不确定 2	6.667E-05		B 类不确定 2	

F6 的计算公式是 F5*F3/3。同理，I6、L6 的计算也相同。

8.2.3　基于多个直接测量结果的间接测量计算

如果物理量ρ须通过$\rho=\frac{m}{m-m_1}\rho_0$计算，则可根据上述计算方法，分别对$m$、$m_1$、$\rho_0$进行计算，对应的结果分别放在 sheet1、sheet2、sheet3 中，并对其重新命名为“m”“m_1”“ρ_0”，且所有数据对应的位置与m在工作表 2 中的位置相同，如表 8-6 所示。

表 8-6　密度ρ间接测量的表格设计与计算

	A	B	C
1	公式		$\rho=\frac{m}{m-m_1}\rho_0$
2	参数	修约结果	计算注解
3	m不确定度	0.000 21	=m!C13
4	m平均值	52.955 56	=m!C14
5	m实验结果	52.955 56 ± 0.000 21	=m!C15
6	m对数法误差传递权重系数表达式（输入）	$m_1/m(m-m_1)$	
7	m对数法误差传递权重系数	0.032 663 005	=$B$10/（$B$4*（$B$4-$B$10）)
8	隔离行		
9	m_1不确定度	0.0016	=’m1’!C13
10	m_1平均值	33.5557	=’m1’!C14
11	m_1实验结果	33.5557 ± 0.0016	=’m1’!C15
12	m_1对数法误差传递权重系数表达式（输入）	$1/(m-m_1)$	
13	m_1对数法误差传递权重系数	0.051 546 764	=1/（$B$4-$B$10）
14	隔离行		
15	ρ_0不确定度	0.000 08	=’ρ_0’!C13

续表

	A	B	C
16	ρ_0平均值	0.999 072	=' ρ_0' !C14
17	ρ_0实验结果	0.999 072 ± 0.000 08	=' ρ_0' !C15
18	ρ_0对数法误差传递权重系数表达式（输入）	$1/\rho_0$	
19	对数法误差传递权重系数	1.000 928 862	1/$B$16
20	隔离行		
21	ρ的平均值	2.727 154 59	$B$4*$B$16/（$B$4-$B$10）
22	ρ不确定度	0.000 314 05	$B$21*（（$B$7*$B$3）^2+（$B$13*$B$9）^2+（$B$19*$B$15）^2）^0.5
23	ρ不确定度保留的位数（默认值 2）	1	IF（VALUE（MID（TEXT（ABS($B$22),"0.00000000000000E+000"）,1,1））<=2,2,1）
24	ρ平均值保留的位数	5	IF（TYPE（FIND（"." ,B$25））=1,FIND(".",B$21)+LEN(B$25)-FIND（"." ,B$25）-1,IF（TYPE（FIND（"." ,B$21））=1,FIND（"." ,B$21）-1,LEN（B$21）））
25	ρ不确定度	0.0003	计算方法同前
26	ρ平均值	2.7272	计算方法同前
27	ρ实验结果	2.7272 ± 0.0003	=B26& " ± " &B25

8.3 线性函数的最小二乘法处理

8.3.1 相关参数的计算

最小二乘法是在残差平方和最小的条件下求出最佳直线。即测量数据中的任意数据y_i与拟合直线$y_i' = a + bx_i$上对应的理想值y_i'的残差$v_i = y_i - y_i'$（i=1，2，3，…，n 为测量点数）满足如下关系：

$$\sum_{i=1}^{n} v_i^2 = \sum_{i=1}^{n} [y_i - (a + bx_i)]^2 \Rightarrow \min$$

将上式看成关于a和b的函数，然后求a和b的一阶导数，并令其等于零，从而建立两个等式，然后解出a和b的表达式，具体如下：

$$\bar{b} = \frac{\sum (x_i - \bar{x}) y_i}{\sum (x_i - \bar{x})^2} = \frac{\sum x_i y_i - \bar{x} \sum y_i}{\sum x_i^2 - 2\bar{x} \sum x_i + n\bar{x}^2}$$

$$\bar{a} = \bar{y} - \bar{b}\bar{x}$$

根据误差传递的理论，可以求出a和b的不确定度，具体表述如下：

$$S_a = \sqrt{\frac{\sum x_i^2}{n}} \cdot S_b$$

$$S_b = \sqrt{\frac{(1-\gamma^2)}{(n-2)}} \cdot \frac{\bar{b}}{\gamma}$$

如表 8–7 所示，给出了 Excel 表格给出了线性函数最小二乘法计算实例。

表 8–7　线性函数最小二乘法表格设计

	A	B	C	D	E	F	G	H
1	$y=a+bx$							
2	x	y		参数	计算结果	有效位数	修约结果	实验结果
3	5.65	16.9		实验数据个数	8			
4	6.08	18.2		斜率平均值 b	3.971 016 646	3	3.97	b=3.97 ± 0.11
5	6.4	20.1		截距平均值 a	-5.681 464 21	2	-5.7	a=–5.7 ± 0.8
6	6.75	21		相关系数 r	0.997 752 268	2	0.998	0.998
7	7.12	22.3		斜率不确定度 S_b	0.108 879 569	2	0.11	
8	7.48	24.1		截距不确定度 S_a	0.760 480 629	1	0.8	
9	7.83	25.3						
10	8.18	27						

表 8–7 中 E、F、G 列“计算结果”、有效位数、修约结果对应的计算程序如表 8–8、表 8–9、表 8–10、表 8–11 所示。

表 8–8　线性函数最小二乘法各参数计算程序

参数	计算公式
实验数据个数	=COUNTIF(A3:A10001,“<>”)
斜率平均值 b	=(SUMPRODUCT($A$3:INDIRECT(“a”&$E$3+2),B3:INDIRECT(“b”&$E$3+2))-AVERAGE($A$3:INDIRECT(“a”&$E$3+2))*SUM($B$3:INDIRECT(“b”&$E$3+2)))/(SUMPRODUCT($A$3:INDIRECT(“a”&$E$3+2),$A$3:INDIRECT(“a”&$E$3+2))-2*AVERAGE($A$3:INDIRECT(“a”&$E$3+2))*SUM($A$3:INDIRECT(“a”&$E$3+2))+$E$3*(AVERAGE($A$3:INDIRECT(“a”&$E$3+2)))^2)
截距平均值 a	=(SUMPRODUCT($A$3:INDIRECT(“a”&$E$3+2),$B$3:INDIRECT(“b”&$E$3+2))-AVERAGE($B$3:INDIRECT(“b”&$E$3+2))*SUM(A3:INDIRECT(“a”&$E$3+2))-AVERAGE($A$3:INDIRECT(“a”&$E$3+2))*SUM($B$3:INDIRECT(“b”&$E$3+2))+$E$3*AVERAGE($A$3:INDIRECT(“a”&$E$3+2))*AVERAGE($B$3:INDIRECT(“b”&$E$3+2)))/((SUMPRODUCT($A$3:INDIRECT(“a”&$E$3+2),$A$3:INDIRECT(“a”&$E$3+2))-2*AVERAGE($A$3:INDIRECT(“a”&$E$3+2))*SUM($A$3:INDIRECT(“a”&$E$3+2))+$E$3*(AVERAGE($A$3:INDIRECT(“a”&$E$3+2)))^2)*(SUMPRODUCT($B$3:INDIRECT(“b”&$E$3+2),$B$3:INDIRECT(“b”&$E$3+2))-2*AVERAGE($B$3:INDIRECT(“b”&$E$3+2))*SUM($B$3:INDIRECT(“b”&$E$3+2))+$E$3*(AVERAGE($B$3:INDIRECT(“b”&$E$3+2)))^2))^0.5
相关系数 r	=(SUMPRODUCT($A$3:INDIRECT(“a”&$E$3+2),$B$3:INDIRECT(“b”&$E$3+2))-AVERAGE($B$3:INDIRECT(“b”&$E$3+2))*SUM(A3:INDIRECT(“a”&$E$3+2))-AVERAGE($A$3:INDIRECT(“a”&$E$3+2))*SUM($B$3:INDIRECT(“b”&$E$3+2))+$E$3*AVERAGE($A$3:INDIRECT(“a”&$E$3+2))*AVERAGE($B$3:INDIRECT(“b”&$E$3+2)))/((SUMPRODUCT($A$3:INDIRECT(“a”&$E$3+2),$A$3:INDIRECT(“a”&$E$3+2))-2*AVERAGE($A$3:INDIRECT(“a”&$E$3+2))*SUM($A$3:INDIRECT(“a”&$E$3+2))+$E$3*(AVERAGE($A$3:INDIRECT(“a”&$E$3+2)))^2)*(SUMPRODUCT($B$3:INDIRECT(“b”&$E$3+2),$B$3:INDIRECT(“b”&$E$3+2))-2*AVERAGE($B$3:INDIRECT(“b”&$E$3+2))*SUM($B$3:INDIRECT(“b”&$E$3+2))+$E$3*(AVERAGE($B$3:INDIRECT(“b”&$E$3+2)))^2))^0.5
斜率不确定度 S_b	=SQRT((1-E6^2)/(E3-2))*E4/E6
截距不确定度 S_a	=(SUMPRODUCT($A$3:INDIRECT(“a”&$E$3+2),$A$3:INDIRECT(“a”&$E$3+2))/$E$3)^0.5*$E$7

表 8–9　线性函数最小二乘法各参数保留有效位数计算程序

保留位数	计算公式
斜率平均值 *b*	=IF(TYPE(FIND(“.” ,$G7))=1,FIND(“.” ,ABS($E4))+LEN($G7)-FIND(“.” ,$G7)-1,IF(TYPE(FIND(“.” ,ABS($E4)))=1,FIND(“.” ,ABS($E4))-1,LEN(ABS($E4))))
截距平均值 *a*	=IF(TYPE(FIND(“.” ,$G8))=1,FIND(“.” ,ABS($E5))+LEN($G8)-FIND(“.” ,$G8)-1,IF(TYPE(FIND(“.” ,ABS($E5)))=1,FIND(“.” ,$E5)-1,LEN(ABS($E5))))
相关系数 *r*	设置 3
斜率不确定度 S_b	=IF(VALUE(MID(TEXT(ABS($E7), “0.00000000000000E+000”),1,1))<=2,2,1)
截距不确定度 S_a	=IF(VALUE(MID(TEXT(ABS($E8), “0.00000000000000E+000”),1,1))<=2,2,1)

表 8–10　线性函数最小二乘法各参数修约计算程序

四舍六入 修约结果	计算公式
斜率平均值 *b*	=SIGN($E4)*(IF(AND(MID(TEXT(ABS($E4), “0.00000000000000E+000”),$F4+2,1)= “5” ,MOD(MID(TEXT(ABS($E4), “0.00000000000000E+000”),$F4+($F4>1),1),2)=0),ROUNDDOWN(LEFT(TEXT(ABS($E4),“0.00000000000000E+000”),16),$F4-1),ROUND(LEFT(TEXT(ABS($E4),“0.00000000000000E+000”),16),$F4-1))&RIGHT(TEXT(ABS($E4), “0.00000000000000E+000”),5))
截距平均值 *a*	=SIGN($E5)*(IF(AND(MID(TEXT(ABS($E5), “0.00000000000000E+000”),$F5+2,1)= “5” ,MOD(MID(TEXT(ABS($E5), “0.00000000000000E+000”),$F5+($F5>1),1),2)=0),ROUNDDOWN(LEFT(TEXT(ABS($E5),“0.00000000000000E+000”),16),$F5-1),ROUND(LEFT(TEXT(ABS($E5),“0.00000000000000E+000”),16),$F5-1))&RIGHT(TEXT(ABS($E5), “0.00000000000000E+000”),5))
相关系数 *r*	=SIGN($E6)*(IF(AND(MID(TEXT(ABS($E6), “0.00000000000000E+000”),$F6+2,1)= “5” ,MOD(MID(TEXT(ABS($E6), “0.00000000000000E+000”),$F6+($F6>1),1),2)=0),ROUNDDOWN(LEFT(TEXT(ABS($E6),“0.00000000000000E+000”),16),$F6-1),ROUND(LEFT(TEXT(ABS($E6),“0.00000000000000E+000”),16),$F6-1))&RIGHT(TEXT(ABS($E6), “0.00000000000000E+000”),5))
斜率不确定度 S_b	=SIGN($E7)*(IF(AND(MID(TEXT(ABS($E7), “0.00000000000000E+000”),$F7+2,1)=“5”,MOD(MID(TEXT(ABS($E7),“0.00000000000000E+000”),$F7+($F7>1),1),2)=0),ROUNDDOWN(LEFT(TEXT(ABS($E7), “0.00000000000000E+000”),16),$F7-1),ROUND(LEFT(TEXT(ABS($E7),“0.00000000000000E+000”),16),$F7-1))&RIGHT(TEXT(ABS($E7), “0.00000000000000E+000”),5))

续表

四舍六入 修约结果	计算公式
截距不确定度 S_a	=SIGN($E8)*(IF(AND(MID(TEXT(ABS($E8), "0.00000000000000E+000"),$F8+2,1)="5"),MOD(MID(TEXT(ABS($E8),"0.00000000000000E+000"),$F8+($F8>1),1),2)=0),ROUNDDOWN(LEFT(TEXT(ABS($E8), "0.00000000000000E+000"),16),$F8-1),ROUND(LEFT(TEXT(ABS($E8),"0.00000000000000E+000"),16),$F8-1))&RIGHT(TEXT(ABS($E8), "0.00000000000000E+000"),5))

表 8-11 线性函数最小二乘法中截距平均值计算程序注解

计算程序	注解
SUMPRODUCT($A$3:INDIRECT("a" &$E$3+2),$B$3:INDIRECT("b" &$E$3+2))	$\sum x_i y_i$
AVERAGE($B$3:INDIRECT("b" &$E$3+2))*SUM(A3:INDIRECT("a" &$E$3+2))	$\bar{y}\sum x_i$
AVERAGE($A$3:INDIRECT("a" &$E$3+2))*SUM($B$3:INDIRECT("b" &$E$3+2))	$\bar{x}\sum y_i$
$E$3*AVERAGE($A$3:INDIRECT("a"&$E$3+2))*AVERAGE($B$3:INDIRECT("b"&$E$3+2))	$n\overline{xy}$
SUMPRODUCT($A$3:INDIRECT("a" &$E$3+2),$A$3:INDIRECT("a" &$E$3+2))	$\sum x_i x_i$
2*AVERAGE($A$3:INDIRECT("a" &$E$3+2))*SUM($A$3:INDIRECT("a" &$E$3+2))	$2\bar{x}\sum x_i$
$E$3*(AVERAGE($A$3:INDIRECT("a" &$E$3+2)))^2	$n\bar{x}^2$
SUMPRODUCT($B$3:INDIRECT("b" &$E$3+2),$B$3:INDIRECT("b" &$E$3+2))	$\sum y_i y_i$
2*AVERAGE($B$3:INDIRECT("b" &$E$3+2))*SUM($B$3:INDIRECT("b" &$E$3+2))	$2\bar{y}\sum y_i$
$E$3*(AVERAGE($B$3:INDIRECT("b" &$E$3+2)))^2	$n\bar{y}^2$

8.3.2 Excel 计算与 Origin 软件拟合结果对比

将表 8-7 中的原始数据导入 Origin 数据表中，采用散点形式作图后，对图形进行"Linear fitting"。其结果如表 8-12、图 8-1 所示。由此可见，采用两种方法计算的斜率、截距、相关系数是一致的。

表 8-12　Origin 拟合结果与 Excel 计算结果比较

计算方法	斜率		截距		相关系数
	平均值	标准偏差	平均值	标准偏差	
Origin 拟合	3.971 02	0.108 88	-5.6814	0.760 48	0.997 75
Excel 计算	3.97	0.11	-5.7	0.8	0.998

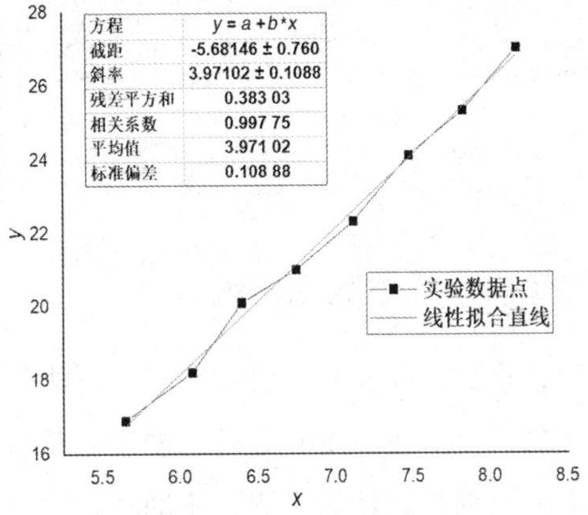

图 8-1　Origin 软件数据拟合图

8.4　应用中常见问题的处理

8.4.1　最后一位为零的数值显示处理

在运算中有可能遇到最后一个数字是 0 的情况，“0” 在 Excel 中不会显示，如表 8-13 所示，D4 的 1.7720 中的 0 就没有显示，此时可以对 D 列数据进行完整显示，只须在 E4 中输入如下公式即可。

=IF（IF（ISERROR（FIND（“.” ,ABS（D4））），LEN（ABS（D4）），LEN（ABS（D4））–1）<C4,D4&0,D4）

同理，在 E5、E7、E8 中输入类似公式也可以实现完全显示。

由于相关系数保留位数是固定 3 位，因此只须将 D5、E5、F5 单元格设置成数字，且在小数点后 2 位即可。

表 8–13　非零数字的显示与固定有效位数数字显示

	A	B	C	D	E	F	G
1	函数公式						
2	参数	平均值计算	保留位数	修约运算	修约结果	实验结果	单位
3	实验数据个数	6					
4	斜率平均值 b	1.772 042 193	5	1.772	1.7720	b=1.7720 ± 0.0028	N/m
5	相关系数 r	0.999 994 879	2	1.00	1.00	1.00	
6	不确定度 S_b	0.002 835 589	2	0.0028	0.0028		

8.4.2　程序的保护和原始数据的输入

在输入原始数据时，难免因操作失误将数据输入非法位置，因此须对非原始数据输入区域进行限定输入。在 Excel 中可以通过菜单栏中的“审阅→保护工作表”来实现对工作表的输入保护，然后进入“审阅”→“更改”模块，点击“允许用户编辑”会出现以下图示，如图 8–2 所示，点击“新建”，并将鼠标置于下图“引用单元格”处，然后在 Excel 中选择要输入数据的区域，如“F10:F16”，并点击确定，则 F10:F16 区域就是可输入区域，同理要设置多个可输入区域，则重复上述操作即可。反之要对非输入区域的程序进行修改，则点击“审阅”中“更改”模块的“撤销工作表保护”即可。

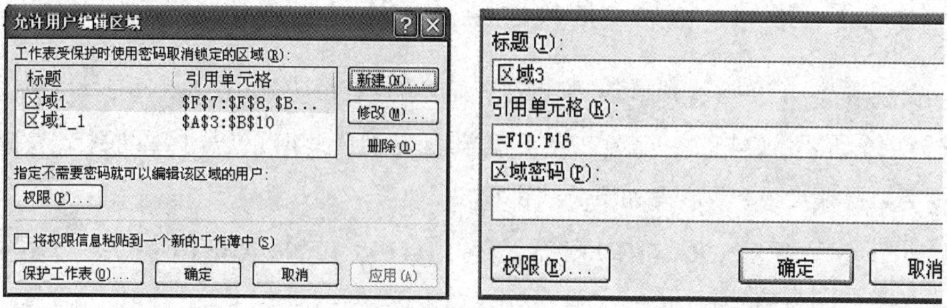

图 8–2　输入区域保护操作界面和原始数据输入区域设置界面

参考文献

[1] 丛红璐 . 大学物理实验 [M]. 北京：北京交通大学出版社，2022.

[2] 刘方，翁庙成 . 实验设计与数据处理 [M]. 重庆：重庆大学出版社，2021.

[3] 张莉，赵士铎 . 定量分析简明教程 [M]. 北京：中国农业大学出版社，2019.

[4] 张师愚，陈振江 . 物理化学实验 [M]. 北京：中国医药科技出版社，2014.

[5] 厉英 . 冶金物理化学实验研究方法 [M]. 北京：冶金工业出版社，2022.

[6] 罗旺，王欢，张韬 . 大学物理实验 [M]. 北京：机械工业出版社，2022.

[7] 石振东，刘国庆 . 实验数据处理与曲线拟合技术 [M]. 哈尔滨：哈尔滨船舶工程学院出版社，1991

[8] 唐仕荣，刘辉 . 仪器分析实验 [M]. 北京：中国纺织出版社，2022.

[9] 储飞黄，黄发文，钱宇红，等 . 电子测量实用教程 [M]. 合肥：合肥工业大学出版社，2014.

[10] 吴朝霞，齐世清 . 现代检测技术 [M]. 北京：北京邮电大学出版社 ,2018.

[11] 李燕妙 . 多种不同物理实验数据处理方法的误差分析和应用研究 [J]. 物理通报，2021，(1)：126-128.

[12] 罗小成，蔡雨，王晨霖 .Excel 表格在物理实验数据处理中的应用 [J]. 内江师范学院学报，2022，37（08）：101-108.

[13] 温录亮，尹居良，丘延君 . 非对称广义正态分布的估计及应用 [J]. 数理统计与管理，2023，42（05）：822-837.

[14] 韩小卫 . 微小误差准则在科学实验中的重要地位 [J]. 渭南师范学院学报，2012，27（02）：55-56+60.

[15] 刘强强，陈百利，钟俊波 . 有效数字加减法运算规则的多样性与多义性 [J]. 化学教育（中英文），2024，45（08）：31-35.

[16] 周敏倩 . 关于《如何在 Excel 中实现四舍六入五化偶的简单方法》在宏中的实现和改进 [J]. 工业计量，2019，29（S1）：122-123.

[17] 刘园旭，刘欢欢，李全 .Origin 软件在物理化学实验教学中的应用 [J]. 贵阳学院学报（自然科学版），2022，17（01）：104-108.

[18] 熊高云 . “逐差法”在实验中的实际应用及技巧 [J]. 数理化解题研究，2022，（04）：118-120.

[19] 李珍珍 . 曲线拟合最小二乘法的案例式教学探索 [J]. 数学学习与研究，2021,（08）：20-21.

[20] 张磊 . 如何运用直接测量量与间接测量量数据处理方法评定测量不确定度 [J]. 科技与企业，2012,（21）：265.

[21] 司校安 . 超声测井仪数据处理及标定技术研究 [D]. 济南：齐鲁工业大学，2023.

[22] 朱娜 . 高中物理测量性实验教学研究 [D]. 重庆：西南大学，2022.

[23] 刘清 . 不同误差影响模型下稳健总体最小二乘法在线性回归中的应用研究 [D]. 太原：太原理工大学，2017.

[24] 徐鹏 . 偏正态分布与偏 t 分布的研究 [D]. 南京：南京邮电大学，2022.

[25] 徐玲 .Excel 在高中物理实验数据处理中的应用研究 [D]. 桂林：广西师范大学，2018.

[26] 郑晓寒 . 高中物理实验中科学方法评价指标的初步研究 [D]. 天津：天津师范大学，2022.

[27] 席雷 . 测量误差对统计推断的影响及其对策 [D]. 南京：南京信息工程大学，2007.

[28] 彭天奎 . 正态分布偏化、离散化研究及其应用 [D]. 重庆：重庆理工大学，2021.

[29] 王东霞 . 特殊对象的测量数据误差处理与不确定度研究 [D]. 南京：东南大学，2015.

[30] 王艳萍 . 物理实验数据处理系统的开发与应用 [D]. 杭州：杭州师范大学，2011.